中国纺织出版社有限公司

西班牙火腿
完全指南

孟成真 编著

Spanish Ham
Complete Guide

中国纺织出版社有限公司

内 容 提 要

西班牙去骨火腿进入中国市场已有 10 年,带骨火腿进入中国市场也已有 4 年,不断丰富着中国市场的火腿种类和品牌,让消费者有了更多的选择。近几年,火腿体系不断发展、变化,行业制度也逐渐规范化;然而,很多经销商、消费者对于火腿的了解和认知没有与时俱进。因此,本书立足于西班牙火腿主要的火腿种类体系,为普通消费者或专业的火腿销售人员构建一个基础的西班牙火腿概念。

图书在版编目(CIP)数据

西班牙火腿完全指南 / 孟成真编著 . -- 北京:中国纺织出版社有限公司,2023.11

ISBN 978-7-5229-0935-6

Ⅰ. ①西… Ⅱ. ①孟… Ⅲ. ①火腿—介绍—西班牙 Ⅳ. ① TS251.5

中国国家版本馆 CIP 数据核字(2023)第 167244 号

责任编辑:国 帅 罗晓莉 责任校对:王花妮
责任印制:王艳丽

中国纺织出版社有限公司出版发行
地址:北京市朝阳区百子湾东里 A407 号楼 邮政编码:100124
销售电话:010—67004422 传真:010—87155801
http://www.c-textilep.com
中国纺织出版社天猫旗舰店
官方微博 http://weibo.com/2119887771
北京华联印刷有限公司印刷 各地新华书店经销
2023 年 11 月第 1 版第 1 次印刷
开本:889×1194 1/16 印张:10
字数:134 千字 定价:108.00 元

他序 1
PREFACE

PRÓLOGO "Guía completa del Jamón español"

Si existiese una forma de definir toda una cultura a través de un alimento, seguramente para muchos sería el Jamón Ibérico quién mejor lo haría. Un producto que encierra años de tradición, artesanía, sostenibilidad y pasión. Y es que hay muy pocos productos en el mundo que son realmente universales, que gocen de un reconocimiento mundial y cuyo sabor y aroma funcionen en gastronomías de todo el mundo.

Pero también es cierto que ese reconocimiento a veces no se traduce en conocimiento y diferenciación en los mercados internacionales. Cuando uno trabaja con un producto así, siempre sueña con que prescriptores de la otra punta del mundo, como es el caso de Javier, ayuden a difundir la cultura y el relato del Ibérico.

Esta completa Guía es una oda al Jamón español en su sentido más amplio, fruto de un viaje iniciado hace años por el autor a España, que aún hoy continua y cuyo aprendizaje queda reflejado en una obra de obligada lectura para todos aquellos que quieran conocer por qué el Jamón Ibérico es un alimento que nos define y nos lleva a la esencia de lo que somos. Este libro muestra al mundo el alma de un producto icónico, convertido en una forma de vida. Disfruten de la lectura, disfruten del Jamón Ibérico y disfruten de la vida.

Jesús Pérez Aguilar

西班牙伊比利亚猪专业联盟传播推广总监

2023 年 10 月

他序 2
PREFACE

La Guía Completa del Jamón Español es un nuevo libro que trata de forma muy completa los conceptos básicos del jamón español y aproxima un producto icónico de la gastronomía española a los consumidores y amantes de la buena comida chinos. Javier Meng ofrece una visión panorámica tanto de los productos más relevantes como el jamón ibérico de bellota, hasta el jamón serrano, el jamón de Teruel de alta calidad o el jamón de Trevélez de la región sur de Andalucía., transmitiendo una clasificación completa del jamón español.

Espero que los lectores disfruten con este libro y que luego puedan poner en práctica todo lo aprendido degustando algunos de nuestros mejores jamones, tanto aquí en China como visitándonos en nuestro hermoso país.

《西班牙火腿完全指南》是一本非常完整地介绍西班牙火腿基本概念的新书，可以让西班牙这一标志性产品更加贴近中国消费者和美食爱好者。编者孟成真通过本书对西班牙知名产品进行了全景展示：从橡果喂养的伊比利亚火腿到塞拉诺火腿，再到阿拉贡地区的高品质 Teruel 火腿，以及南部安达卢西亚地区小众的 jamon de trevélez 火腿，全书贯穿了整个西班牙火腿的品类。

我希望读者喜欢这本书，并可以将书中所学到的知识与实践相结合，不仅是在中国品尝，更欢迎大家来我们美丽的国家游览时享用美味的火腿。

方少龙

西班牙王国驻华大使馆参赞

2023 年 11 月

和成真因为西班牙火腿而相识。2022年的夏天，友人送我的整腿已放置了半年，终于在外教马凯的指引下，我找到了成真在上海的餐厅——La Jamonería 2088，请专业人士将整腿片成了可以入口的美味。今天，我看到他以职业厨师的精神写就的《西班牙火腿完全指南》，不禁为这奇妙的缘分感慨。

回首自己初尝西班牙火腿已是二十年前（赴笈西班牙读博），一开始觉得西班牙火腿略偏咸，而且需要跨过生食的心理障碍，但是一旦接受后，就是越来越沉迷于西班牙火腿的美味中，此后伴随职业生涯发展，对西班牙火腿的喜爱也愈演愈烈。回国后也是想尽办法来保障自己的火腿供给不致短缺。

因为西班牙火腿进入中国市场的时间不长，也因其不低的价格，餐厅进入率并不高。然而我欣喜地看到大董推出带有西班牙火腿片的粽子和月饼，这说明西班牙火腿在渐渐地融入，甚至内化到传统中式食品中，赋予消费者新的中餐口感和体验。

后来，我随成真美食团西游，遍尝牙国美味，也有幸参观了西班牙火腿制作、加工的全过程，更让我深深地体悟到火腿美味中承载着伊比利亚半岛的阳光、绿色和慢节奏的生活方式。美味从来都离不开生产它的地理、历史与文化背景。

一起来体验一下西班牙火腿吧！

程弋洋

复旦大学西班牙语文学博士、教授

2023年10月

他序
4
PREFACE

　　为老友孟成真提笔写下这篇序言时，正值上海十一月初的第六届中国国际进口博览会（下简称进博会）。四年前，也是在这样丰盛的秋意里，首批带骨火腿从西班牙运至中国，在当年的进博会上正式亮相，中国消费者开始更认真、更全面地体验享誉世界的西班牙火腿。

　　我与西班牙火腿产生联系的过程，可以追溯到十年前的一次为期两个月的西班牙深度旅行。而就在上个月，为了探访米其林餐厅我再次飞赴西班牙，本书的作者成真正是我这趟旅程的同行者，他曾经在西班牙学厨，能说一口非常流利的西班牙语，是一位专业、资深且充满激情的美食从业者。在这次西班牙美食朝圣之旅中，我们探访了各地的米其林餐厅，一路饱尝人间至味，感受风土与人情。当然，火腿是其中重要的一部分。

　　作为一名高端餐饮行业从业者，我们很欣喜地看到越来越多的西班牙著名火腿品牌在中国打开了市场，有非常多的高端餐厅在用西班牙火腿制作食物，更重要的是，这当中不仅有西餐厅的身影，还有许多中餐厨师在烹饪过程中使用西班牙火腿制作新颖的菜品，如西班牙火腿葱油饼、西班牙火腿配上海咸肉菜饭、西班牙火腿小笼包……他们的创意让人大开眼界，全然不输世界上其他地方的许多顶级厨师。在很多活动的现场，现场切割西班牙火腿作为一种刺激食欲、让人兴奋的仪式，也逐渐成为了一项能够有效点燃气氛的保留节目。

　　当然，与市场的繁荣同时存在的是另一重现实——对于博大精深的西班牙火腿文化，我们需要补的课还有太多，而系统性的"补课"渠道却并不多。经过成真深入、严谨地考据、采访和资料收集，这本关于西班牙火腿的"宝书"即将付梓。书里没有洋溢着太多的异国风情，而是一本朴素、实用、尽可能丰富且详实的工具书，一本难能可贵的宝书。这本书系统地介绍了西班牙火腿的各种产区、种类、加工、切割和食用相关的知识。无论是美食爱好者，还是餐饮从业者，若想更多地掌握一些西班牙火腿的知识或查漏补缺，我想《西班牙火腿完全指南》都是最好的选择。

戴踏踏

美食评论家、高端餐饮品牌顾问、美食视频制片人

2023 年 11 月

自 序

PREFACE

很多人对于西班牙的了解多是因为足球俱乐部巴塞罗那、皇家马德里，或者听说过西班牙的红酒、高迪的圣家族教堂。其实，西班牙有很多闪光之处，每年世界 Best 50 餐厅评选前 10 名总是有 3 个甚至更多的是西班牙餐厅；西班牙每年游客接待量为世界第二，仅次于法国；西班牙高铁里程仅次于中国，排名世界第二；西班牙高速路里程居欧盟第一；而西班牙猪肉的产量仅次于中美德，排名世界第四。

西班牙火腿从 2010 年开始进入中国市场，但是，只允许进口去骨火腿，直到 2019 年 10 月首批带骨火腿准入，才算是真正完整进入中国市场。

2012 年前往西班牙读书时，我初次接触了西班牙火腿，当时只是把西班牙火腿当成一种当地有特色的食物。我最早吃到的西班牙火腿是塞拉诺火腿，对它的味道也谈不上多么喜欢。后来我对烹饪产生了兴趣，于是去了巴塞罗那的 Hofmann 学习烹饪，逐渐地了解了更多的西班牙食材。毕业后，我开始接触并从事西班牙火腿的贸易，见证了西班牙火腿在中国的市场逐渐拓宽，进口量呈指数级增加，各行各业的人也都进入这个看起来有点高大上的行业。

在写本书之前，我最早只是给公司员工写培训资料，内容整理得越来越多。另外就是国内消费者包括西班牙火腿从业人员对西班牙火腿的误解甚多，有太多消费者被一知半解的经销商误导。特别是我亲自在上海开了一家西班牙火腿餐厅后，遇到形形色色的客人经常会把一些无关紧要的问题当成主要矛盾，如这火腿是 36 个月还是 48 个月，而不考虑火腿是伊比利亚猪还是白猪，是吃谷物还是吃橡果，是 50% 血统还是 75% 血统，是哈武戈产区还是吉胡埃洛产区。

因此，我想写一本书——关于西班牙火腿的工具书，来抛砖引玉。

本书主要是从广义角度来讲述西班牙火腿。西班牙白猪火腿里不只有塞拉诺火腿，还有特鲁埃尔火腿、赛龙火腿等优秀白猪火腿。伊比利亚猪也并不尽然是黑猪，深棕色才是主流，同时还有一些罕见的伊比利亚猪，如哈武戈斑点猪、安达卢西亚金毛猪等。伊比利亚猪的品种其实也会影响火腿最终的风味，只不过这种事情即便是一些西班牙伊比利亚火腿厂销售人员都不一定会了解他们销售的火腿所选用的猪的品种。

由于能力有限，无法全面写出，但书中涉及的基础数据信息我们还是从客观公正的角度出发。毕竟西班牙火腿这一门类太过小众，即便在西班牙也没有一个真正意义的全书，我写这本书的时候查阅了大量书籍和官方产区资料。

感谢 ASICI（西班牙伊比利亚猪专业联盟）、Santos Carrasco Manzano S.A.、Dehesa Maladua 和 Grupo arcoiris 等企业机构提供的信息和资料。书中如果有任何数据问题也请指正出来。

孟成真

2023 年 10 月

目录

CONTENTS

第一章

西班牙
火腿简介

西班牙火腿的历史

从广义上来讲，火腿的西语表达是 Jamón，中文译为哈蒙。在狭义上，Jamón 特指用猪的后腿制成的火腿（图 1-1），前腿则被称为 Paleta（图 1-2）；前腿和后腿无论是在风味上，还是在价值方面，都有很大的区别。

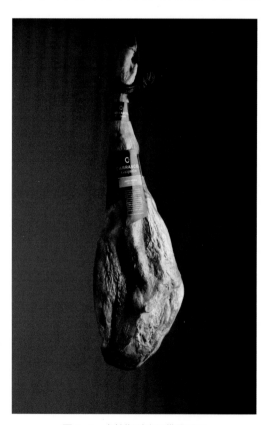

图 1-1　卡拉斯科火腿带骨后腿

图 1-2　卡拉斯科火腿带骨前腿

前后腿最直观的差异就是大小，前腿较小，厚度较窄，后腿较大，看起来会很饱满。伊比利亚火腿前腿脚踝部位略弯曲，后腿看起来更笔直。通常前腿长度在 65cm 左右，重量多在 4~6kg，后腿长度在 70~90cm，重量多在 7~9kg，个别情况可以达到 11kg

甚至 12kg。

当然市面上也会有很多去骨的火腿供一些餐饮和个人消费者使用，后腿去骨多为 3~5kg，前腿去骨多为 1.5~3kg。

前腿相对后腿脂肪含量更高，出肉率更低，熟成时间比后腿也少了很多。由于脂肪比例较高，吃起来也很美味多汁，但是整体的细腻程度、复杂程度和多样性就比后腿少了很多。因此，同样一头猪做的相同等级的火腿，前腿每千克的价格通常比后腿要低 35%~50%。

西班牙火腿的起源

火腿的诞生是由于人们对食物存储的需要。在古代，人们通常在秋天或者冬天屠宰猪，添加盐、糖、亚硝酸盐进行腌制，也会通过烟熏来延长存储时间，并进一步赋予食物更好的风味，通过腌制的食物可以存储较长的时间。

很多人都认为，欧洲火腿起源于意大利的罗马时代。也有传说是马可·波罗前往中国传教，之后将火腿制作工艺带回了欧洲。但是，在西班牙加泰罗尼亚的塔拉戈纳（Tarragona）（图 1-3）发现了火腿的化石，距今已有超过 2000 年的历史；同时找到的还

图 1-3　塔拉戈纳圆形剧场

有罗马皇帝戴克里先颁布的法令，是将西班牙火腿运输到罗马的法令。说明早在2000多年前，西班牙就有人制作火腿，虽然它可能和现在的西班牙火腿不同，但是确实已经开始制作火腿了。

西班牙火腿的发展历史

公元711年，穆斯林军在塔里克·伊本·齐亚德（图1-4）的带领下，发动了对西班牙的入侵，逐渐推行穆斯林政策，逐渐减少猪肉的食用直到禁止。由于西班牙被阿拉伯人占领超过700年，在这期间火腿制作和食用长期停滞，但并没有彻底根除这一传统。

图1-4 塔里克·伊本·齐亚德

在中世纪末期西班牙逐渐回到自己的统治，基督徒们在西班牙西部地区，也就是如今埃斯特雷马杜拉产区，用橡果喂养伊比利亚猪，慢慢地将火腿贸易推向整个伊比利亚半岛，人们又开始食用猪肉制品。当时的国王胡安卡洛斯一世曾经说："我不能有一天不食用卡塞雷斯的火腿"（卡塞雷斯是如今埃斯特雷马杜拉产区的首府）。

19世纪出现了许多杰出人物，从作曲家罗西尼（Rossini）到旅行者理查德·福特（Richard Ford），都享受过优质伊比利亚火腿带来的乐趣。很多耳熟能详的品牌，例如5J，Joselito和Carrasco都是在19世纪末诞生的，但是，直到20世纪这种美食才在社会各阶层流行开来。

时至今日，西班牙火腿销售的旺季仍旧是圣诞节。无论是个人购买享用，还是作为公司圣诞节派送给员工的福利，火腿总是不会错的礼物（图1-5）。

图1-5　卡拉斯科圣诞节火腿海报

西班牙火腿特别是伊比利亚橡果火腿，在20世纪50年代曾经爆发过灭绝的危机。由于人们认为食用脂肪较少的猪肉更为健康，并且在西班牙暴发了大规模的猪瘟，导致伊比利亚猪，特别是母猪的数量从50万头锐减到3000~5000头。随着科学的进步，人们逐渐地意识到，伊比利亚猪，特别是食用橡果的伊比利亚猪含有大量不饱和脂肪酸，尤其是 w-3有利于心脑血管，这如同橄榄油一样有益于身体的健康，从而又受到了大众们的喜爱。

西班牙火腿特别是伊比利亚火腿，在20世纪末到21世纪初大都以本土消费为主，主要是因为火腿制作工艺需要大量传统手法，并且伊比利亚猪产量十分有限。2008年金融危机后，本国消费力下降，厂家为了寻求出路不断扩展海外市场，从而让世界上更多地区的人们能享受到这一独一无二的美食。到2021年西班牙火腿出口占比已经提高到25%左右。

对于很多中国消费者，最早在国内接触西班牙火腿应该是在2010年上海世博会，那也是西班牙火腿最早正式进入中国的时间，但是，直到2019年下半年，带骨的整条火腿才允许进入中国。虽然西班牙有几百家火腿厂，但是有资格出口到中国的厂家却屈指可数。国内市场上还是以最高端的伊比利亚火腿为主，而在西班牙最常见的白猪火腿在中国市场上并没有形成主流；一方面是因为出口限制，另一方面和中国人的口味偏好也不无关系。

另外一个关于西班牙火腿最常见的问题就是生熟之争。食物成熟的过程并不是简单的通过加热来实现，食物成熟也可以通过物理的过程、化学的过程和生物的过程。比如加热就是通过热能的物理过程，食物还可以通过化学过程，例如使用盐、糖、醋等来帮助食物成熟，西班牙火腿的熟成用到了化学过程，同时也用到生物的过程。

西班牙火腿特别是橡果火腿在熟成的过程中会产生两种特定有益的酵母菌来帮助火腿熟成。这种酵母菌并不是人为添加，而是在特定的产区环境下产生的。而且这种酵母菌通常会陪伴着火腿，终端消费者购买后，放在室温下，也会继续繁殖。食用时只需要去掉擦干净即可。

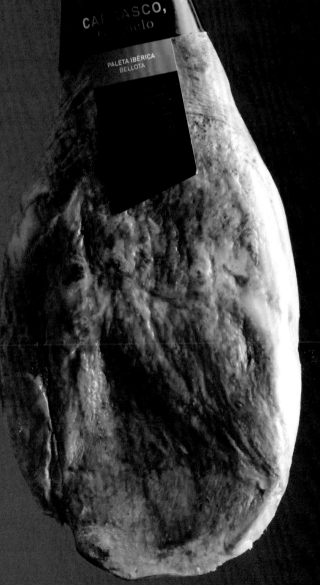

第二章

西班牙
火腿产区认证

关于西班牙火腿，我们要先了解一下西班牙火腿产区认证。我们常常听说各种西班牙火腿产区的名称，如吉胡埃洛、哈武戈等，也知道它们是认证的产区。但是，产区认证和产区火腿还是有着很大的差异。西班牙火腿产区认证分为三种，分别是 DOP、IGP 和 ETG，不同的名称有着不同的法规。

DOP 认证

DOP 认证全称是 Denominación de Origen Protegida（如果是英文就是 protected designation of origin，简称 PDO，其实是一个意思，只不过西班牙产品多是西语缩写，DOP），意思是受保护的原产地名称（图 2-1）。它是欧盟根据欧盟法（European Union Law）确定的，意在保护成员国优质食品和农产品的原产地名称。受保护的原产地名称标识是欧盟提供的一个证明商标，用于"标明生产、加工和制备全都在指定的地理区域内进行，使用本地区生产者认可的技术和相关地区的配料的产品"。此标识保证只有真正出产于某个区域的食品和农产品，才可以以此区域的名义出售，以求保护产地的名誉，排除不

图 2-1　DOP 认证标识图

公平竞争和保护消费者。产品包含火腿、奶酪、橄榄油、葡萄酒、啤酒、香料等。目前有超过 140 多个国家和地区承认这一认证。

DOP 是西班牙火腿里最为苛刻的一个认证，目前，西班牙有 5 个 DOP 认证火腿产区，其中 4 个是伊比利亚火腿产区。

伊比利亚火腿 DOP 产区：

吉胡埃洛产区（DOP Guijuelo）；

哈武戈产区（DOP Jabugo）；

埃斯特雷马杜拉产区（DOP Dehesa de Extremadura）；

佩德罗切斯产区（DOP Los pedroches）。

非伊比利亚火腿 DOP 产区：

特鲁埃尔（DOP Teruel）。

受保护的原产地名称的产区，对于产区内气候环境等有着很高的要求。通常情况就是产品生产、制作和加工都在产区内部完成。但是，有些火腿例外，这 4 个伊比利亚火腿产区中的吉胡埃洛产区内并没有太多的橡果林，产区内的伊比利亚猪可以在其他的 DOP 伊比利亚火腿产区养殖，最后的制作加工必须在吉胡埃洛产区内完成。

我们之后会提到伊比利亚火腿等级的划分，但是，那种划分是全国性的，DOP 认证的火腿每个产区都有自己的内部规定，并且条件更为严苛。比如，西班牙国标将伊比利亚火腿分为 4 个等级，从高到低分别是黑标、红标、绿标和白标；但是，DOP 认证不承认白标，有的产区，例如哈武戈，只做黑标火腿。DOP 认证的火腿对于伊比利亚猪血统的认可是 75% 或者 100%，而不是国标规定的 50%、75% 及 100% 这 3 个选项。此外，每个 DOP 产区内，对于伊比利亚猪养殖的环境也会有一定调整，当然也是根据产区本身条件来决定。

我们常说伊比利亚火腿有 4 个 DOP 产区，产区内部条件确实适合制作火腿，但是，DOP 产区内的火腿不等于 DOP 认证的火腿，产区内部大多数火腿并没有申请 DOP 认证。以 2019 年吉胡埃洛产区为例，这个产区的伊比利亚火腿产量占西班牙 60% 左右，2019 年只有 87000 条后腿和 87000 条前腿取得 DOP 认证。为什么很多厂家没有申请 DOP 认证？最重要原因还是费用问题，每头猪都要有登记费用、基本开户费用、火腿标签等费用。如果加上这些费用就会导致成本上涨，最终转嫁到消费者身上。况且大多数人并不了解 DOP，很多时候更在意品牌等信息，所以，就会导致很多厂家虽然在这个产区内，但是没有打上 DOP 认证标识。

总结一下就是，相对于国标，DOP 认证更为严苛。由于成本增加，很多厂家不选择 DOP 认证，或者部分产品选择，这种费用的增加最后还是会转嫁到消费者身上。但是，无论如何，这种更为严苛的认证有利于产品的进步和品质的提升。

IGP 认证

　　IGP 认证全称是 Indicación geográfica protegida，意思是地理标志保护（图 2-2），最主要的作用就是告诉消费者产品的产地，防止被一些不法商贩冒用。相对于 DOP 认证，IGP 是更低的一种认证。它和 DOP 认证的最大不同在于，DOP 认证的产品，整个产业链都在这个产区内完成，但是，IGP 只要求部分环节在这个区域内完成即可，即火腿的制作、生产、熟成等环节中至少一个环节在该地区完成，该火腿便可取得 IGP 认证。这两大认证最重要的就是告诉消费者，原产地对于产品品质把控的重要性。

　　西班牙只有两个白猪火腿产区取得了 IGP 认证，它们分别是：

　　（Jamón de Serón）赛龙火腿；

　　（Jamón de Trevelez）特雷韦莱斯火腿。

　　这是两个非常优质的白猪火腿产区，区域内气候也十分适合制作火腿，但是，这两个产区内很多制作火腿的原材料，也就是猪的养殖并不一定是在这个区域内，但是，最后制作熟成的环节是在这个区域内完成的。

图 2-2　IGP 认证标识图

ETG 认证

　　ETG 认证是 Especialidad Tradicional Garantizada，意思是传统特殊工艺保护认证（图 2-3）。相对于 DOP 和 IGP，ETG 是更低的一种认证，只要火腿的制作、生产、熟成等工序符合传统特殊工艺的要求，便可取得 ETG 认证。该认证的主要作用是将 ETG 认证产品与其他同类型产品区分开，保护运用传统特殊工艺生产的产品。塞拉诺火腿就是 ETG 认证，要求生猪腿重量在 9.5kg 以上，脂肪厚度在 0.8cm 以上，切成 V 字形等。

　　塞拉诺火腿在 2016 年曾申请将 ETG 认证变更为 IGP 认证，目的是保护塞拉诺这一传统火腿的名称，增加产品含金量。因为，如果只有 ETG 认证，也可以在别的国家生产塞拉诺火腿。但是，一旦取得 IGP 认证，这个名字的火腿就只可以在西班牙境内生产，甚至是西班牙境内某些地方才有资格生产。遗憾的是，到目前为止还没有结果。

图 2-3　ETG 认证标识图

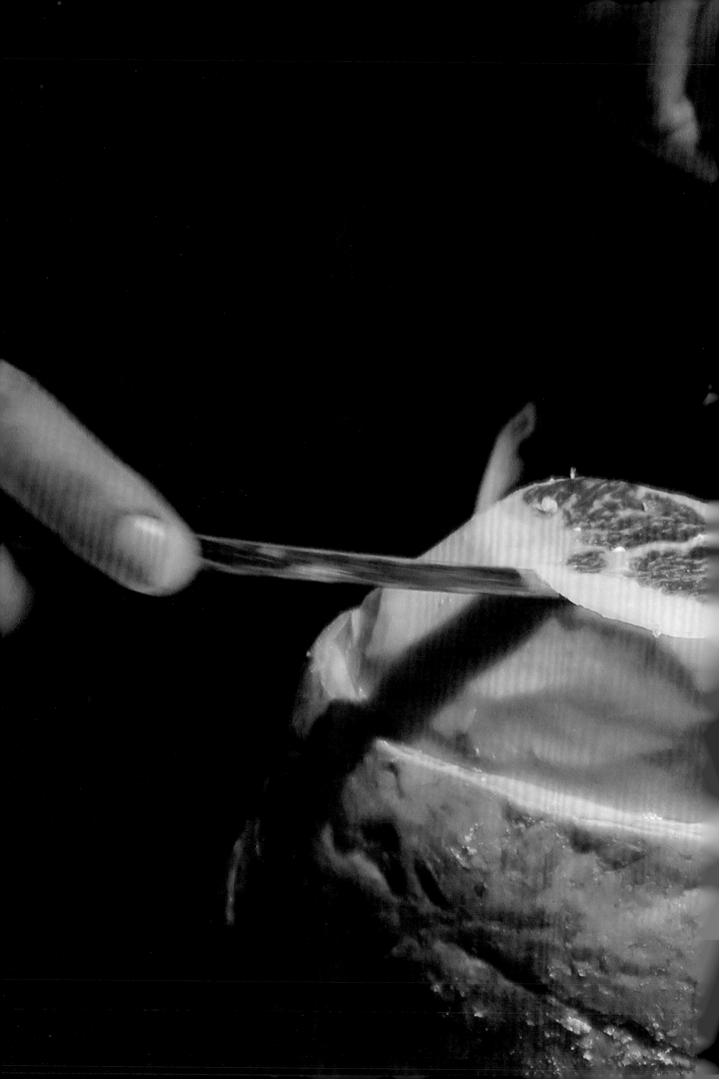

第三章

西班牙
火腿的种类

自从 2010 年西班牙火腿进入中国，很多中国消费者听到了越来越多西班牙火腿的信息，每年最重要的展会——进口博览会期间，也会有大量主流媒体进行报道。很多时候都会给西班牙火腿贴上"昂贵"甚至是"奢侈"的标签，诸如一条腿 3.4 万元人民币，火腿切割大师切割一条腿收费 4000 美金（图 3-1）等。媒体通常都会选择吸引眼球的内容进行报道，这个无可厚非，但是，如果认为所有的西班牙火腿都很昂贵那你就错了。

图 3-1　西班牙知名切腿师弗洛伦西南京活动

西班牙火腿对于西班牙人来说，是一种再普通不过的食物了。西班牙人一般一天能吃五次饭，午饭通常在下午 1 点半到 3 点，晚饭都要在 9 点之后，因此人们会在上午 11 点左右和下午 6 点左右来一个加餐。加餐吃的最多的食物就是 Bocadillo（一种三明治），就是半根法棍里面放几片火腿，当然也可以是西班牙的香肠，再淋上一点橄榄油；在加泰罗尼亚地区，人们还喜欢在上面擦上一点西红柿。我在上大学的时候，每天的 11 点有 20~30min 的课间，几乎所有的学生都会带一个 Bocadillo（图 3-2），用锡纸包裹起来，再去买一杯咖啡，这几乎占据了我在西班牙期间一半的早餐。

图 3-2　火腿 Bocadillo

西班牙火腿年产量为 6 千万 ~7 千万条,对于一个人口只有 4500 万的国家来说,平均一人一条半还多点。如果有机会去西班牙,你会发现超市里面卖的火腿并不贵(图 3-3),不到 100 欧元你就可以带走一条火腿。这种便宜的西班牙火腿多是白猪火腿,例如,塞拉诺火腿或熟成火腿。

图 3-3　西班牙超市火腿专柜

西班牙火腿大体可以分为两大类:

一大类是以西班牙独有品种伊比利亚猪为代表的火腿,很多时候称为黑猪火腿。虽然这个说法并不是很准确,因为大多数伊比利亚猪并不算是黑色,而是深栗色,还有一些金色,甚至还有更为罕见的斑点猪。它们都属于伊比利亚猪的范畴,做出来的火腿都可以称为伊比利亚火腿。伊比利亚火腿占整个西班牙火腿产量的 30% 左右。该产量包含前腿和后退的总量,这一数据受白猪和伊比利亚猪产量波动影响,伊比利亚猪占总产量比重每年差异变化较大。伊比利亚猪还可以分为 4 个等级,同时有四个取得受保护产地名称认证的、有四个在受保护产地名称认证的产区内制作但是没有取得认证的,和没有在这四个取得受保护产地名称认证产区制作的伊比利亚火腿。除此之外,还存在一些非主流的火腿。有些品牌会推出 6 年甚至 8 年的陈年火腿（图 3-4）、联名款火腿等，价格可以卖到 2000~5000 欧元一条。

有一种斑点伊比利亚猪 Manchado de Jabugo（图 3-5），市场价格一条在 4000 欧元左右，使用一种快灭绝的伊比利亚猪品种，纯有机养殖，手工制作，一年火腿产量不到 200 条，整个西班牙现在只有一家公司在做。它们都不算是主流的火腿。主流的伊比利火腿后腿价格通常在 200~900 欧元，由于火腿出口到中国要缴纳 25% 的关税和 9% 的增值税，加上空运的成本，西班牙火腿在中国的价格要比在西班牙本土高出 50% 左右。还有一个很重要的因素就是取得中国入华许可的厂家只有十余家，大多数品牌是没有资格进入中国的。就像是中国的老干妈出口到国外，价格也会翻几倍，这些也都无可厚非。关税成本、渠道成本都会影响产品最终的价格。但是如果在中国的西班牙火腿价格比西班牙的还要低，那你还是要小心一些了。

图 3-4　Joselito Vintage 2008 礼盒　　　　　　图 3-5　斑点伊比利亚猪

另外一类就是以普通白猪制作而成的火腿。无论是西班牙的塞拉诺火腿，还是意大利的帕尔马火腿，其实整体制作工艺差异并没有想象中那么大，只不过由于气候环境、原材料和市场消费习惯的不同造就了各自的特色。

西班牙白猪火腿占西班牙火腿总产量的 90% 以上，品质差异很大。其中，国人最为熟知的就是塞拉诺火腿。很多人以为西班牙白猪火腿都是塞拉诺火腿，其实塞拉诺占白猪火腿产量 40% 都不到，只不过因为进入国内市场大多数都是塞拉诺火腿，因此很多消费者只知道塞拉诺火腿的存在。白猪火腿品种里面有几个高端系列，例如特鲁埃尔和赛龙，这些都暂时还没有出口到中国的资质。

如今塞拉诺火腿凭借着价格优势在中国市场快速成长，从而让更多中国消费者有机会接触到西班牙火腿。虽然它价格有着很明显的优势，但是对于国人来说，第一次食用就能喜欢的人不会超过 30%。但是，像伊比利亚橡果火腿，第一次食用喜欢的人可以到 90% 甚至更高。很多食物，特别是我们不熟悉的味道，可能第一次食用都无法感受到它的美，人们很多时候都没有兴趣再去尝试第二次、第三次，但是很多食物需要你多次尝试，慢慢地你就会能欣赏到它的美了。

西班牙白猪火腿

白猪火腿的猪种

白猪火腿顾名思义就是用白猪制作的火腿，但是这个说法并不是特别准确，主要是与伊比利亚猪所谓的黑猪进行区分，在西班牙只要不属于伊比利亚火腿，都属于白猪火腿的范畴。白猪存在一些猪的颜色是棕色，甚至是黑色的情况，但是，只要不属于伊比利亚猪的范畴都称为白猪火腿。还有一种说法就是看猪的脚。伊比利亚猪的脚是黑色的，白猪都是白色或者是肉色的，这种说法也不是特别准确，存在例外，但是，在 99% 的情况下都是成立的。因此，对于消费者来说，看脚的颜色是区分西班牙火腿是白猪还是伊比利亚猪的一种非常简洁的方式。

在西班牙制作白猪火腿的白猪品种有杜洛克（图 3-6）（Duroc）、皮特兰猪（图 3-7）（Pietrain）、大白猪（图 3-8）（Large White）、长白猪（图 3-9）（Landrace）等。

图 3-6　杜洛克猪

图 3-7　皮特兰猪

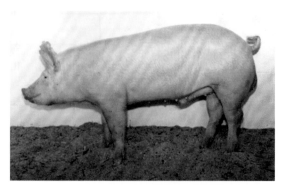

图 3-8　大白猪

图 3-9　长白猪

选择制作白猪火腿的猪种，有两个着眼点：一是养殖成本，通常会选择食用更少饲料，长更多肉的品种，二是猪的脂肪含量。

白猪火腿价格低、产量大，通常都是一些大型肉类加工厂生产，例如，品乐（EL Pozo）（图 3-10）、Campo Frio（图 3-11）、Navidul（图 3-12）等品牌。在保证质量的前提下，控制养殖成本，可以提高竞争力。因此，白猪火腿，特别是规模化的产品，品质差别不大。

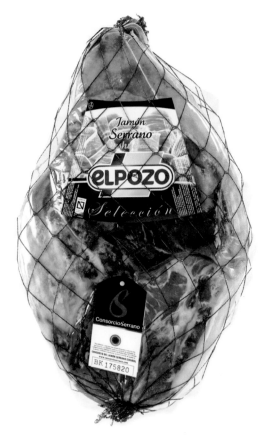

图 3-10　El Pozo 塞拉诺火腿联盟认证去骨火腿

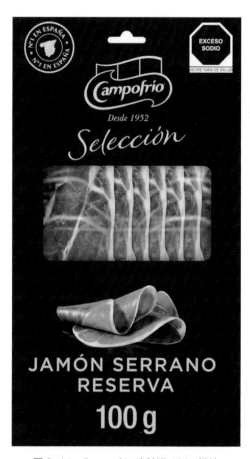

图 3-11　Campofrio 塞拉诺 100g 切片

图 3-12　Navidul 塞拉诺带骨火腿

　　火腿的品质很多时候是受到脂肪影响的。中国也有非常多的本土火腿品种，很多消费者可能没有注意到，国内火腿制作通常只选用后腿，是因为后腿更大、脂肪含量更高，在火腿熟成过程中可以更好地增加火腿的风味。对于可以直接食用的火腿来说，脂肪还有非常重要的保湿的作用，避免火腿吃起来像是牛肉干。我们吃的白猪，体脂含量在15%~25%，大多数猪的脂肪含量并没有想象中那么高。一些高品质白猪火腿产区，也会对猪的脂肪含量提出一定的要求。

　　说到白猪火腿的脂肪，就要单独说一下杜洛克猪了。杜洛克猪颜色是棕红，在白猪里面属于优异的品种，原产于美国，生长较快，生产率高。传统的杜洛克猪是一种脂肪含量较高的猪，如今市面上很多杜洛克是改良后的瘦肉型。

　　杜洛克猪有类似于伊比利亚猪的特性，就是瘦肉里面藏脂肪，肉也会更香。因此，在西班牙只允许使用杜洛克猪同伊比利亚猪进行杂交。我们接下来会讲到几个优质白猪产区，猪都要求带有一定杜洛克的血统。而且，如果是杜洛克猪制作的火腿，无论血统是50% 还是 100%，通常都会单独标注，来显示火腿的品质。

白猪火腿的分类

　　根据世界火腿大会（Congreso Mundial del Jamón）的统计，2021 年白猪火腿占整个西班牙火腿产量的 70% 左右，这个占比每年波动还是蛮大的。西班牙一年白猪火腿产量有3500 万条左右，这包含塞拉诺和白猪火腿的前腿还有后腿的数量。

　　和伊比利亚火腿相比，白猪火腿的价格更为实惠，因为脂肪少，通过人工温度干预使其制作周期更短，经济效益更为明显。在西班牙，白猪火腿的前腿只需要 5 个月就可以上市，后腿则为 7 个月。

白猪火腿多是大规模工厂制作，火腿在制作的过程中会人工干预熟成时间，比如，使用加温除湿的风干窖加速火腿熟成，因此风味也会有所打折。

西班牙白猪火腿分为六大类，分别是：

（1）Jamón de Serrano 塞拉诺火腿；

（2）Jamón del Consorcio del Jamón Serrano Español 塞拉诺火腿联盟认证火腿（图 3-13）；

（3）Jamón DOP Teruel 特鲁埃尔火腿（图 3-14）；

（4）IGP Jamón Trevelez 特雷韦莱斯火腿（图 3-15）；

（5）IGP Jamón Serón 赛龙火腿（图 3-16）；

（6）Jamón Curado 熟成火腿。

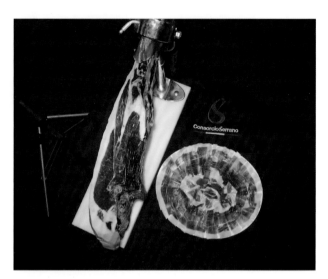

图 3-13　切开的塞拉诺火腿联盟认证火腿

图 3-14　特鲁埃尔火腿宣传海报

图 3-15　特雷韦莱斯认证火腿

图 3-16　赛龙产区标志

塞拉诺火腿（Serrano）

塞拉诺火腿是最典型的西班牙白猪火腿，也是中国人听说过最多的一种西班牙白猪火腿。很多人认为白猪火腿就等于塞拉诺火腿，这并不准确，塞拉诺火腿是西班牙白猪火腿的一种。塞拉诺本身意思是山区，山地，塞拉诺火腿也可以被称为山火腿。之所以称为山火腿，主要原因是火腿早年制作地方多是在山区，气候条件更有利于火腿的制作。

塞拉诺火腿是 ETG 认证的火腿。在西班牙，塞拉诺火腿并没有所谓专属产地，只要是符合要求，在西班牙任何地方都可以制作塞拉诺火腿。

中国对于塞拉诺火腿进口增长非常得快，特别是在 2022 年意大利火腿受到非洲猪瘟影响不能出口中国后，中国市场对于西班牙塞拉诺火腿需求大幅增加。塞拉诺火腿无论从价格还是品质都可以成为意大利帕尔马火腿的不错的替代品。

根据现有规定，Jamón de Serrano 也就是塞拉诺火腿的后腿，是从猪的臀部连同坐骨和耻骨部位切开，保留上面完整的肌肉组织。生猪腿在放血前重量最少 9.5kg，放血后最少 9.2kg。在火腿正面去皮切成"V"字形状（图 3-17），并保证脂肪厚度大于或等于 0.8cm。火腿坯从屠宰场到制作工厂，中间环节的温度不可超过 3℃。在遵守西班牙卫生法规（第64/433 号指令 /EEC）的同时还要遵守塞拉诺火腿行业指令（第 77/99 号指令 /EEC）的规定。

塞拉诺火腿制作流程：

第一步入盐。所谓入盐就是将火腿表面覆盖一层盐（图 3-18），通常是大颗粒的海盐，这一步骤的作用是帮助火腿脱水，增加火腿的味道，对于火腿后期熟成、存储起到重要作用。入盐时间取决于新鲜火腿自身的重量，通常是每千克 0.65 天至 2 天不等。该过程将在 0~4℃，湿度 75%~95% 下进行。入盐可以说是火腿制作的第一步，也是整个火腿制作的基础。盐分既可以增加风味，又有利于火腿的熟成和存储。盐太多容易影响口感，使火腿脱水过多变干，盐太少不利于火腿的熟成，容易导致火腿偏软，无法熟成，缺少盐

图 3-17　"V"字切割的目的主要是帮助火腿前　　　图 3-18　火腿平铺入盐
　　　　　期熟成的时候水分流出

的保护可能会导致火腿在制作过程中造成腐败，增加损耗。

第二步清洗。入盐过程根据火腿的大小，十几天就可完成，之后要用水冲洗火腿表面。通常使用温水可以更好地冲洗火腿表面的盐分，并使用刷子将火腿表面多余的盐分清除，通常是半机械化操作。

第三步预备期。所谓预备期就是塞拉诺火腿正式进行熟成前的一步。这个时候火腿刚刚腌制并清洗过表面，火腿本身还是含有大量水分，需要抑制一些不利的微生物生长，这一步火腿会开始脂解和蛋白质的水解。为了保证这一过程顺利进行，通常温度会控制在0~6℃，湿度70%~95%，这一过程通常最少持续40天。

第四步脱水熟成。经历了预备的火腿，已经处于一个相对稳定的状态，这一步的作用是加速火腿的熟成，并进行大量的脱水。这一阶段温度从6℃开始逐渐提到最高34℃，环境湿度也比上一步更低。这一阶段最少持续110天。

第五步窖藏熟成。这一步是火腿制作的最后一步，这一阶段是塞拉诺火腿固化和提高的重要过程。这一阶段要依靠火腿周围产生的微生物群的介入，赋予火腿独特的风味与香气。这一步的持续时间也会影响到火腿的品质。塞拉诺火腿后腿从第一步入盐到出厂最少经过210天，最少丢失33%的重量。此外，塞拉诺火腿制作过程中，不允许烟熏，也不允许加入其他香料。

塞拉诺火腿的分级是根据火腿的制作时间来决定的。由于前腿相对较小，因此对应等级的时间也更短。目前，中国只允许制作时间在210天以上，且取得中国认证的产品出口到中国，因此，有些塞拉诺的前腿无法进入中国市场。

塞拉诺火腿根据其熟成时间划分了三个等级，分别是窖藏（Bodega）、珍藏（Reserva）和特级珍藏（Gran Reserva）。前腿和后腿所需的时间也是不一样的（表3-1），后腿因为更大所以需要更长的熟成时间，塞拉诺火腿熟成时间通常不会超过2年。

表 3-1 塞拉诺火腿根据熟成期的等级划分

Jamón de Serrano 塞拉诺火腿后腿	时间 / 月
窖藏（Bodega 或 Cava）	9+
珍藏（Reserva 或 Añejo）	12+
特级珍藏（Gran Reserva）	15+
Paleta de Serrano 塞拉诺火腿前腿	时间 / 月
窖藏（Bodega 或 Cava）	5+
珍藏（Reserva 或 Añejo）	7+
特级珍藏（Gran Reserva）	9+

西班牙塞拉诺火腿联盟认证（Jamón del Consorcio del Jamón Serrano Español）

塞拉诺火腿联盟认证的塞拉诺火腿是塞拉诺火腿中比较少见的一部分，属于塞拉诺火腿中的精品，这对于塞拉诺火腿的制作过程和原料选择提出了更高的要求。关于塞拉诺火腿联盟认证与塞拉诺火腿的对比见表 3-2。

表 3-2　塞拉诺火腿联盟认证与塞拉诺火腿对比

认证	塞拉诺火腿联盟认证	塞拉诺火腿
欧盟认证		
质量认证		—
品控	设备标准审查	—
产品出厂	稳定性把控，确保出厂最佳熟成状态	没有强制要求
原材料产地	100% 西班牙	可以是进口猪腿
地域限制	生产、制作、准备均在西班牙	欧盟
食物	饲料	饲料
最低熟成周期 / 月	12	7
成熟丢失重量	34%	33%

西班牙塞拉诺火腿联盟认证的火腿会在火腿表面烫上认证标识，下图左边是烙印在火腿上面的（图 3-19），右边是产区认证的 logo（图 3-20）。

图 3-19　火腿上烫印的塞拉诺火腿
　　　　　联盟认证标志

图 3-20　塞拉诺火腿联盟认证标志

西班牙白猪火腿除了塞拉诺火腿，带专有名称的火腿还有特鲁埃尔火腿、赛龙火腿、特雷韦莱斯火腿。这 3 个并不属于主流的白猪火腿，数量加起来占整个白猪火腿产量的 1% 左右。但是，它们依然是标杆一样的存在，需要分别说明。整个行业的前进，就是需要有带头人制定更严格的标准，不断提高产品的质量。

特鲁埃尔火腿（Teruel）

特鲁埃尔是西班牙阿拉贡自治区南部的一个省份，该省份是西班牙 50 个省中人口倒数第二少的省份，人口只有十几万，整体以农业为主，人口外流现象严重。该地区之所以能成为顶级的白猪火腿产区，是因为该地区多为山地，海拔在 800m 左右，62% 的土地在海拔 1000~2000m，高山气候显著，温差较大，但是，夏季温度不会太高，十分适合火腿的熟成。

特鲁埃尔火腿在西班牙火腿这一门类里面，有非常多的第一称号。1984 年第一个成立产区监管委员会，是第一个取得 DOP 认证的西班牙火腿产区，2014 年第一个取得 DOP 认证，早于四个伊比利亚火腿产区。特鲁埃尔产区的标示（图 3-21）是一个八角的星星，八角星星取自特鲁埃尔省的旗子上的八角星（图 3-22）。

图 3-21　特鲁埃尔火腿标志产区 DOP 认证标志

图 3-22　特鲁埃尔区旗

该产区最大的特点就是一体化，从猪的养殖到加工和窖藏均在产区内完成，也正因此产区才能够取得 DOP 的认证，火腿产量也较高，从 2014 年到 2021 年，除去 2020 年产量达到 34.9 万条后腿，其他时间段后腿年产量在 20 万 ~30 万条区间波动，整体产量处在一个比较稳定的状态，变化幅度并不大。但是近几年前腿产量确实大幅增加，前腿产量从 2014 年的 1847 条增长到 2021 年的 169986 条，短短 8 年增长超过 90 倍。

特鲁埃尔产区对于制作火腿有一套更为严苛的标准，无论是猪的品种、饲料、脂肪厚度还是窖藏周期，都远高于塞拉诺火腿，二者的具体区别见表 3-3。

表 3-3　塞拉诺火腿和特鲁埃尔火腿对比

对比项目	特鲁埃尔火腿	塞拉诺火腿
血统	公猪：杜洛克　母猪：白长猪	不限
食物	50% 以上为谷物饲料	不限
产地	均为特鲁埃尔产区养殖屠宰	不限
脂肪含量	脊背脂肪厚度在 16~45mm	胯部脂肪大于 8mm
上盐时间	0.65~1 天 /kg	0.65~2 天 /kg
窖藏周期	≥ 60 周（14 个月）	≥ 30 周（7 个月）
认证		

西班牙白猪火腿里面品质最优的就是特鲁埃尔火腿（图 3-23），预计 2024 年该产品将进入中国，届时将会改变现在中国市场上的白猪火腿均是以塞拉诺为主的局面。

特鲁埃尔对于自己火腿定义的 11 个特点：

（1）熟成火腿重量大于 7kg；

（2）火腿制作在海拔 800m 以上的区域完成；

（3）所有制作均在特鲁埃尔省内；

（4）形状细长，形状饱满圆润；

（5）切割时火腿表面呈红色，油脂光亮，脂肪渗入肌肉里面，类似于伊比利亚火腿；

（6）闻起来是非常香的熟成气息，香味令人愉悦；

（7）口感柔和，有一股淡淡奶香味，咸度低（因为火腿在入盐的过程中选用干腌和低温，可以减少盐分渗入）；

（8）脂肪摸起来顺滑，是明亮的黄白色；

图 3-23　特鲁埃尔认证火腿

（9）火腿最少熟成 60 周，15 个月以上，当然里面还有 20 个月以上熟成的火腿；

（10）火腿外表皮切成"V"字形状；

（11）选用最优质的白猪，公猪为杜洛克，母猪为英国大白猪（Large White）或长白猪（Landrace）。

脚踝专属标签

为了保证每一条特鲁埃尔火腿的溯源，从 2017 年开始施行 11 位数的溯源标签（图 3-24），在每一条特鲁埃尔的火腿上都有自己的专属标签（图 3-25）。

图 3-24　特鲁埃尔火腿编号含义

图 3-25　特鲁埃尔认证标签

a：屠宰场的编号

b：屠宰的时间是该年份的第几周

c：屠宰年份的最后一位数，例如 2017 年就会写一个 7

d：注册农场编号

e：连字号

f：屠宰编号

特鲁埃尔的分级制

如今特鲁埃尔产区为了更好地发展和满足消费者的需求，分别针对前腿和后腿推出了分级制（表 3-4、表 3-5），该机制以重量和时间作为划分的重要标准，从低到高分别是蓝，红和黑（图 3-26）。

表 3-4　特鲁埃尔后腿分级

等级	火腿重量 /kg	时间 / 月
蓝	7	14+
红	8	18+
黑	9	22+

表 3-5　特鲁埃尔前腿分级

等级	火腿重量 /kg	时间 / 月
蓝	4.5	9+
红	5	10+
黑	5.5	11+

图 3-26　特鲁埃尔分级标签

特雷韦莱斯火腿（Trevelez）

特雷韦莱斯产区是西班牙两个 IGP 白猪火腿产区之一。该产区位于西班牙最南部的安达卢西亚自治区，整个城市人口只有 700 多人，位于海拔 1200m 以上的内华达山脉上，是西班牙海拔最高的城镇（图 3-27）。该区域也是欧洲最南部的一个滑雪场，因为海拔较高，

图 3-27　特雷韦莱斯小镇

温度要比同纬度地区低10℃左右，是制作火腿的绝佳环境（图3-28），该城市的旗帜上面也带有一条特雷韦莱斯的火腿（图3-29）。

特雷韦莱斯火腿成名于1862年的10月10日，这一天波旁王朝的西班牙女儿伊莎贝拉二世（图3-30）授予特雷韦莱斯火腿专属的黄冠印章（图3-31）。从此以后每一条特雷韦莱斯火腿上面都带有该王冠样式的印章。

图3-28 该产区很小，图上很多看起来像是居民楼的房子里都是火腿制作厂，它们依山而建，坐落在山腰上

图3-29 区旗上带有火
腿的图案

图3-30 伊莎贝拉二世

图3-31 特雷韦莱斯认证标志

特雷韦莱斯（Trevelez）产区将火腿分为3种等级（表3-6），这3种等级也同样是用颜色来区分，从低到高是蓝、红、黑（图3-32），这里的蓝红黑要跟伊比利亚火腿区分开，属于不同的系统，相互之间毫无关联。

表 3-6　特雷韦莱斯火腿的 3 种等级

等级	火腿坯重量 /kg	时间 / 月	脂肪厚度 /cm
蓝	11.3~12.3	14+	1+
红	12.3~13.5	17+	1.5+
黑	> 13.5	20+	2+

图 3-32　特雷韦莱斯火腿等级分级标签

特雷韦莱斯（Trevelez）产区火腿整体风干损耗在 35% 以上（强制规定，如果达不到还要放置更多时间）（图 3-33），火腿制作周期更多情况是受到火腿本身大小和制作环境影响（环境分自然和人工干预，人工干预例如调高温度加速熟成，但是会影响火腿品质），火腿 pH 值在 5.5~6.4 范围内，含盐量必须小于或等于 5%。猪还是以英国大白猪（Large White）、长白猪（Landrace）和杜洛克（Duroc）3 种为主，猪的食物以玉米、大豆、大麦为主。猪的脂肪厚度要求 1cm 以上，脂肪在熟成肉类里起到非常重要的作用，脂肪的厚度，脂肪在肌肉中的比例都影响到火腿最终的品质和口感。特雷韦莱斯的火腿脂肪中，63% 的脂肪为不饱和脂肪酸，这个比例在同类的白猪火腿里面是非常高的。我们知道饱和脂肪酸不利于心脑血管，但是不饱和脂肪酸相反，它更有利于心脑血管健康。

该产区年产火腿大约 3 万条，因为

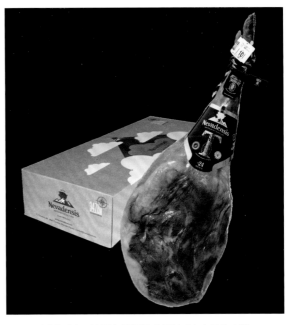

图 3-33　特雷韦莱斯熟成超过 24 个月的火腿

数据有延迟，每年都在波动。

　　该产区短期内不会取得出口中国的资质，因为本身比较传统，产量不大。因此，如果想要品尝，最好是去西班牙旅游的时候专门前往。该地区位于格兰纳达省，也是西班牙非常重要的旅游城市。

赛龙火腿（Serón）

　　赛龙（Serón）（图 3-34）是西班牙另外一个获得 IGP 认证的产区。该产区位于西班牙内华达山脉的北侧，距离特雷韦莱斯（Trevelez）产区直线距离 100km，平均海拔在800m 以上，在 13 世纪建立了城堡作为要塞而保留下来的城市。说是城市可能不如国内一个小区人口多，全市镇人口只有 2000 多人，赛龙地区气候属于半干旱的地中海气候，该火腿产区也有着超过 140 年的历史，年产量 10 万条以上。产区内仅有 3 家企业，火腿最少熟成 16 个月以上，重量为 7kg 以上。这个产区存在感确实很低，不在当地也很难买的到赛龙产区的火腿（图 3-35）。

图 3-34　赛龙火腿标志

图 3-35　赛龙火腿

熟成火腿（Jamón Curado）

　　西班牙火腿里面占比最大的部分其实是熟成火腿（Jamón Curado），如果不是在西班牙生活，可能根本就没有听说过，但它确实占据了整个西班牙火腿产量的半壁江山。这些火腿可能是大企业也可能是家庭小作坊制作。在这个类别里，你可以看到各种类型的火腿，包含一些应该可以定义为黑猪火腿的。价格通常较低，一条 7kg 的后腿可能只需要80 欧元就可以在超市里面买到（图 3-36）。这种火腿标签上的名称也各种各样，大多数都是属于自己公司的叫法，并不能成为法定名称。但是熟成火腿并不意味着便宜，有些会选用杜洛克猪，例如 Batalle 的火腿价格也不会比优质塞拉诺火腿便宜，像是 Faccsa 的火腿，Navidual 的火腿（图 3-37），这些都可能在中国市场见到。熟成火腿可以理解为不属于伊比利亚火腿、不属于上述几款白猪火腿的都可以称为熟成火腿。熟成火腿也有自己的等级划分（表 3-7），虽然不是那么严苛，主要是根据实际做一个简单的划分。

图 3-36 西班牙超市火腿专柜

图 3-37 Navidual 熟成火腿

表 3-7 熟成火腿等级划分

Jamón Curado 熟成火腿	时间 / 月
窖藏（Bodega 或 Cava）	9+
珍藏（Reserva 或 Añejo）	12+
特级珍藏（Gran Reserva）	15+

除了西班牙的白猪火腿，欧洲还存在很多不同的火腿，如意大利的帕尔玛火腿、法国的拜雍火腿、德国的黑森林火腿，表 3-8 是塞拉诺联盟火腿与欧洲其他三款火腿的简单比较。

表 3-8 塞拉诺联盟火腿与三款欧洲火腿的比较

项目	西班牙	意大利	法国	德国
火腿类型	塞拉诺火腿联盟	帕尔玛火腿	拜雍火腿	黑森林火腿
熟成时间	15 个月或 20 个月以上	12~18 个月	7~12 个月	1~2 个月
入盐时间	7~15 天	20~30 天	20~30 天	烟熏盐 15 天左右
火腿形状	带骨整条细长，"V"字形状	去骨去皮	去骨去皮	去骨
质地	含水量较低，雪花纹路，脂肪渗入肌肉	水分较高，肥瘦分明	水分较高，肥瘦分明	水分高，肥瘦分明
口感	肉香浓郁，还带有淡淡的奶香味	肉香，味道温和	肉香，味道温和	烟熏味道十足

伊比利亚火腿

伊比利亚猪

　　说到伊比利亚火腿，首先要说的就是伊比利亚猪。伊比利亚猪是一种伊比利亚半岛特有的猪种。伊比利亚半岛位于欧洲的西南角，东面和南面是地中海，西面和北面是大西洋，只有东北部由比利牛斯山脉与欧洲大陆连接，主要包括当今西班牙、葡萄牙、安道尔、法国的一小部分地区以及直布罗陀地区。其总面积582000km^2，大约是四川加重庆的面积之和。中部为温带大陆性气候，南部为地中海气候，冬季温和湿润，夏季炎热干燥。北部为温带海洋性气候，全年温和多雨。伊比利亚猪主要生活在伊比利亚半岛的中部和南部地区，西班牙和葡萄牙交界处附近。该地区多山丘，温带大陆性气候，夏季炎热，冬季寒冷，温差较大（图3-38）。

图 3-38　卡拉斯科的橡果林的放牧人

伊比利亚猪是顶级西班牙火腿必要的原材料,很多中国的消费者认为西班牙火腿很昂贵,主要就是因为伊比利亚火腿在中国更普遍。伊比利亚火腿在西班牙的市场价在150~1000欧元,也有个别产品可以卖到3000欧元甚至5000欧元一条。虽然伊比利亚火腿的产量只占西班牙火腿总产量的7%左右,但是它对应的产值并不会比占比93%的白猪总和低多少。

伊比利亚猪的起源,最为普遍接受的说法是,腓尼基人(图3-39)最早把猪从地中海东岸(现黎巴嫩)带到伊比利亚半岛,并与伊比利亚半岛本地野猪进行杂交。这次跨越地理的杂交造就了今天伊比利亚猪的祖先。伊比利亚猪的繁殖深深根植于地中海的生态系统,这是人类养猪生产活动中的一个罕见例子。伊比利亚猪对保持生态系统平衡做出了很大贡献。伊比利亚猪是目前少有的已经适应田园生态的家养品种,特别适合在西班牙南部和西南部地区的橡树林中生活(图3-40),圣栎、染色栎和栓皮栎树结的果子都是伊比利亚猪钟爱的食物。

图3-39 腓尼基人

如今伊比利亚火腿行业拥有17600个牧场和超过1100家火腿生产加工企业,年产值高达22亿欧元,占整个西班牙肉制品产业的7%~8%。

伊比利亚猪也有很多品种,很多人以为伊比利亚猪就是黑猪,其实这个说法并不准确,因为80%以上的伊比利亚猪的皮色是深栗色而不是黑色,只不过皮色较深容易被误认为是黑色的。随着时间的推移,伊比利亚猪出现了很多的变种,其中有些因为生长缓慢、食用饲料较多、脂肪比例不佳等原因逐渐被淘汰。再加上 20 世纪爆发非洲猪瘟以及动物脂肪的价值降低等多个因素影响，导致伊比利亚猪的品种自 1960 年起下降很多。进入 21 世纪以来，伊比利亚猪的产量已经增加并可满足顶级肉类和腌制类食品规范化生产要求，同时品质也在不断提升。但是，在这个过程中也导致部分伊比利亚猪的品种逐渐消失。最近几年确有复苏的趋势，有些伊比利亚猪的养殖者，专门饲养一些濒临灭绝的伊比利亚猪种来制作火腿，并且取得了不错的效果。

伊比利亚猪的食欲较好且倾向于肥胖，拥有巨大的肌肉和表皮脂肪蓄积能力。高度发达的肌肉内脂肪可以产生典型的大理石纹，加上

图 3-40　觅食的伊比利亚猪

饲喂橡果的传统方法，使得火腿的味道十分独特。伊比利亚猪的脂肪含量普遍在 50% 左右，而我们平时食用的白猪，脂肪含量一般在 15%~20%。伊比利亚猪的肉品生产与工业农场，在集约化的条件下，与其他肉类产品完全不同，它是高质量、高价值的肉类产品典范。从生物医学角度看，伊比利亚猪也很有意义，他们具有高采食量并倾向于肥胖的特点，但同时拥有高血清瘦素。

虽然含有较高的脂肪，但并不妨碍伊比利亚火腿是一种非常健康的食物。伊比利亚橡果火腿是一种富含 B 族维生素，低热量、高蛋白质的食物，并且含有高油酸。油酸属于一种不饱和脂肪 w-9，有利于降低血压，对人体心脑血管疾病的发生有抑制作用。

2020 年，5J 火腿打败了挪威的鳕鱼和瑞士 Gruyere 的奶酪，一举拿下 2020 年度健康食品奖。因为伊比利亚橡果火腿富含不饱和脂肪，不但不会增加血液中的胆固醇含量，反而会降低胆固醇含量，降低甘油三酯含量，起到抗氧化的作用。

火腿提供了优质蛋白质，100g 火腿的蛋白质含量为 35g 左右。一个成年人一天补充 60g 蛋白质就足够了，食用 100g 火腿就可以提供人体一天需要蛋白质的一半。

火腿还可以提供大量维生素，尤其是维生素 B_1 和维生素 B_2，100g 伊比利亚橡果火腿可以满足人体一天需要的 24% 的维生素和 30% 的磷，火腿还富含铁、钙、镁和锌。

有的人觉得，火腿脂肪多，热量高，其实，100g 火腿的热量大约 1.46×10^6J，而 100g 面的热量超过 1.25×10^6J，100g 巧克力饼干有 2.09×10^6J 以上的热量。

伊比利亚猪品种

国内包括在西班牙很大误区是都称伊比利亚猪为黑猪，这其实并不准确，甚至大多数都不能称为纯黑色的猪。伊比利亚猪除了是黑色、棕褐色还可以是红色或暗色，黑色的猪在深色和灰色之间，猪毛很少或没有，体型较瘦，因而常被称为"黑蹄"（Pata negra）。在传统管理方式下，猪可以自由散布在稀疏的橡树林里面食用橡果，它们不断地运动，因而比密闭式环境下饲养的猪消耗更多能量。饲养一头食用橡果的伊比利亚猪平均至少需要 $1hm^2$ 健康的牧场（Dehesa）。

目前，用于制作伊比利亚火腿的伊比利亚猪有 6 种，每一种都有它的特点，很多品种是通过内部杂交得到的，是环境和人类选择的结果。

这 6 种伊比利亚猪中，能被称为黑猪的，只有无毛猪（Lampiño）和杂毛猪（Entrepelado），他们的皮色都是黑的，其他的伊比利亚猪可能是金色、黄色，甚至是花色的斑点猪（图 3-41）。

图 3-41　阳光下呈金棕色的伊比利亚猪

黑色猪的代表无毛猪（Lampiño）属于几个世纪都存在的原生伊比利亚品种之一，西班牙语本意就是毛非常的稀少，不近看可以说几乎没有毛，皮色所以看起来像是深灰色石板的颜色，这种猪相对其他的伊比利亚猪，腿短且粗，体型较小，鼻子细长，偶尔鼻子上有白色线条，头部比例匀称，耳朵下垂（图3-42）。无毛猪最大的特点是容易发胖，肌间脂肪比例非常高。无毛猪属于非典型伊比利亚猪，在伊比利亚猪中占10.5%左右。该猪分布广泛，从北部的萨拉曼卡到南部塞维利亚、科尔多瓦均有分布。

图3-42　Lampiño 无毛伊比利亚猪

西班牙家畜品种官方目录认可的杂毛猪（Entrepelado）是通过无毛猪（Lampiño）和深栗色猪（Retinto）杂交所得，也被称为十字杂交伊比利亚猪（Cruces del Ibérico）。特点是脂肪含量偏低，要低于无毛猪（Lampiño），身材苗条，双腿纤细，这种杂毛猪虽然占整个伊比利亚猪的1%左右，但是在西班牙卡塞雷斯、巴达霍斯、塞维利亚、韦尔瓦，这几个主要伊比利亚猪养殖区均有分布（图3-43）。

图3-43　Entrepalado 杂毛伊比利亚猪

占比最多的是深栗色伊比利亚猪（Retinto），这种深栗色伊比利亚猪（图3-44）是最典型伊比利亚的代表，这种猪占整个伊比利亚猪的87%。如果不仔细看也会认为是黑色，其实很多地方是褐色或深栗色。这种猪的毛也非常稀少，但是分布全身，脸很窄并且细长，脚细长且结实。深栗色猪（Retinto）肌肉比例较高，增重较快更为经济是它占比最高的一个重要原因。深栗色伊比利亚猪在西班牙所有产区均有分布。

图3-44　Retinto 深栗色伊比利亚猪

图 3-45 Torbiscal 托比沙尔伊比利亚猪

托比沙尔（Torbiscal）伊比利亚猪，是 20 世纪的一个杂交品种，1944 年在西班牙托莱多地区出现，如今在西班牙和葡萄牙都有它的存在。托比沙尔（Torbiscal）伊比利亚猪非常结实，块头也很大，繁殖能力很强，颜色从深金色到棕色不等，脚呈褐色，猪的肌肉呈大理石纹路，占整个伊比利亚猪的 1.24%（图 3-45）。

接下来说的是非常少见的一个品种，哈武戈斑点猪（Manchado de Jabugo）。

我们都知道哈武戈是西班牙伊比利亚火腿四大法定产区之一，在这个产区，有一个特有品种，名为哈武戈斑点猪（图 3-46），占整个伊比利亚猪的 0.07% 左右，因为稀少性加上生长周期长，这种猪的一条后腿在西班牙可以卖到 4100 欧元以上。

图 3-46 哈武戈斑点猪

这种猪的起源没有明确的说法，有的说是由伊比利亚黑猪和名为安达卢西亚金毛猪（Rubio Andaluz）的猪种反复交配而成，也有一种说法是它的起源是由伊比利亚猪跟英国长白猪或巴克夏猪杂交而成。在 2003 年的一项品质 DNA 研究报告中称，哈武戈斑点猪 DNA 中含有亚洲猪的基因，从而证实哈武戈斑点猪很有可能是由英国的长白猪或巴克夏猪杂交而成，因为这两款猪都带有亚洲猪的血统。

但是如今更多一种说法是，在 19 世纪末住在阿尔莫纳斯特小镇的米盖先生从英国引进了雄性的长白猪，后来住在另外一个小镇的农场主何塞和曼努埃尔购买后先后同黑色伊比利亚猪和安达卢西亚金毛猪交配，最后同德国的本特海姆黑斑猪杂交，从而得到了哈武戈斑点猪，本特海姆黑斑猪在 20 世纪 50 年代几乎绝迹了。

在最初饲养过程中，斑点猪因为是杂交产物，并没有得到广泛推广，因为脚的颜色可能是白色也可能是黑色，这跟传统意义上伊比利亚猪是黑猪脚有矛盾，因此最早并没有划入伊比利亚猪的品种之内。

在 1913 年 5 月马德里举办的第三届畜牧比赛中，哈武戈斑点猪获得了第二名，从而名声大噪，也得到了西班牙动物协会的认可，在 1944 年编入伊比利亚猪的门类。

哈武戈斑点猪的繁殖能力在伊比利亚猪里面属于较强的，但是由于其特殊的体型，对食物和环境要求更高，虽然其脂肪浸润度高，但是生长缓慢，导致人们逐渐放弃养殖这一款伊比利亚猪。

在 1989 年，来自加泰罗尼亚塔拉戈那的爱德华·多内托（图 3-47）来到哈武戈定居时候发现几乎所有农户都放弃饲养哈武戈斑点猪，主要是因为从经济角度来说并不划算，农户养殖的哈武戈斑点猪更多作为自己食用。爱德华·多内托出于对哈武戈斑点猪的热爱，创立了 Dehesa Maladua，这是目前西班牙市面上唯一制作哈武戈斑点猪制品的品牌（图 3-48），说是品牌一年产量也只有 55 头猪做 110 条左右的后腿。而且由于哈武戈斑点猪成长缓慢，基本需要养殖三年，至少吃两轮甚至三轮橡果季，另外因为其脂肪结构特点，熟成时间需要 6 年之久，整体下来需要 9 年时间。

图 3-47 爱德华·多内托

图 3-48 Dehesa Maladua 品牌哈武戈斑点
伊比利亚猪火腿

作者有幸在 2022 年拜访了爱德华·多内托，感觉他像是一个活在自然里面的人，手机使用都是 2G 翻盖手机，房子在橡果的山林里（图 3-49），自己吃的食物都是在山上种植。他之所以来这里是因为在 30 年前觉得生活在城市里面没有那么清洁的空气、水、食物，他想寻找那种健康自然的环境，他在法国和西班牙寻找 2 年，最终选择来到这里，他的性格不太像加泰罗尼亚人，更像西班牙南部安达卢西亚人，充满热情。因为哈武戈斑点猪都是散养在山里面（图 3-50），想看到并不那么容易，为了能近距离拍摄，我们跟着这一群猪走了 40min，因为靠近它们，它们就会跑开，爱德华·多内托不断学着猪叫的声音，我们迂回包抄才走到它们正面（图 3-51）。

图 3-49 哈武戈产区的林地

图 3-50　放养的哈武戈斑点猪

图 3-51　夕阳下觅食的哈武戈斑点猪

最后一种是几乎绝迹的安达卢西亚金毛猪［Rubio Andaluz（图3-52）］。该品种基本上都是野生的，仅在安达卢西亚的龙达山脉地区存在。目前只有一个叫La Dehesa Los Monteros公司生产，每年只生产50头猪左右，安达卢西亚金毛猪体型相对较小，生长缓慢，需要2~3年才能屠宰，全身金色，腿短但是肌肉发达，鼻子是凹进去并且耳朵非常的短，总量占比是0.01%左右，如此稀少因此价格也是远高于常规的伊比利亚猪，但这并不意味风味就是最好，价值更在于生产者对生物多样性的保护。

图3-52　安达卢西亚金毛猪

伊比利亚猪的杂交

划分伊比利亚火腿等级要根据血统、饲料。血统指的是基因，基因支撑着生命的基本构造和特性，随着时间和环境的改变而发生改变，伊比利亚猪也是一点点演化到现在，逐渐能够和橡果林和谐共处。很多品牌都会邀请院校等科研机构，来检测伊比利亚猪血统的情况。

伊比利亚猪的杂交是非常规范化的，每一个过程，每一头猪都需要登记在案，很容易就可以查到它的上两代。在伊比利亚猪的杂交过程中（图3-53），母猪的血统永远都是100%纯度的伊比利亚猪，而公猪可以是50%血统的伊比利亚猪或是100%血统的杜洛克猪。之所以选择杜洛克猪，是因为杜洛克猪生长较快，肌肉脂肪含量高，在普通猪种里面属于优质品种。

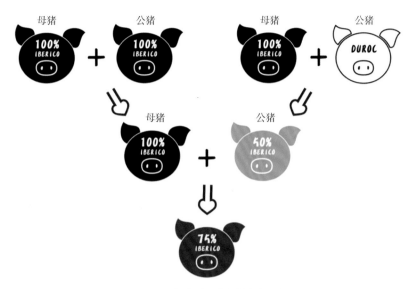

图 3-53 伊比利亚猪血统杂交示意图

伊比利亚猪在杂交过程中只有两个结果，50% 或 75%。

好的杂交既可以提高产量，也可以保留两个品种中各自的优质基因，满足不同类型的客户需求。对于伊比利亚猪杂交的结果应该积极看待，对于消费者来说，能用合理的价格买到满意的食物就是好的。杂交也是市场化推动的结果。

Joselito，也就是小何塞，从来不强调猪的血统，甚至都称为伊比利亚猪，但是它仍然是世界上最顶级的伊比利亚火腿品牌之一。我们只能通过产品来推断这个品牌有很多混血的伊比利亚猪，杂交伊比利亚猪会长得更大一些，成品火腿后腿的重量可以达到 8~10kg，个别情况可以超过 10kg，甚至达到 12kg。而 100% 纯度伊比利亚猪成品火腿后腿则以 6.5~8.5kg 为主，少有重量可以达到 9kg 以上的。

同时也有一些品牌专注于血统，例如，5J 这个最有国际影响力的伊比利亚火腿品牌，只选用 100% 纯度伊比利亚猪。重视血统，这对于保护伊比利亚猪的血统起到非常大的作用。

有些品牌黑红绿白火腿都做，不同产品满足不同的市场，这些品牌经过二三十年的发展，市场份额有可能赶上甚至超过那些百年火腿品牌。

橡果林与橡果季

橡果的西语表达是 Bellota，我们购买火腿的时候也经常会在包装上看到 Bellota 的字样，一般情况下，指的就是橡果火腿。当然，市场上也存在个别品牌，品牌名称中包含

Bellota，需要仔细分辨。

橡果是橡树结的果子，橡果林（图 3-54）的西语表达是 Dehesa，在伊比利亚火腿 4 大法定产区中，有一个 DOP Dehesa de Extremadura，意思就是原产地保护的埃斯特雷马杜拉橡果林（图 3-55）。

图 3-54　橡果林

图 3-55　埃斯特雷马杜拉橡果林

关于橡果林，我们除了要知道 Dehesa，还要了解另一个关键词 Montanera，意思是猪吃橡果的时期，也可以称为橡果季，是一个专属名词。

橡果季从每年的 9 月底开始，到次年的 3 月结束，主要是在 10 月到次年 2 月。按照规定，每头橡果等级的伊比利亚猪，要在橡果林食用最少 60 天的橡果，每年伊比利亚橡果火腿的制作开始时间是在 1~3 月。很少有橡果火腿是在年末制作，因此，通常人们说这是 16 年的火腿，指的是 16 年初制作的火腿。

只允许体重在 92~115kg 的伊比利亚猪，进入橡果林食用橡果（图 3-56），最少增重 46kg 才可以离开。因为橡果含有大量油脂，伊比利亚猪基本上可以保证每天增重 0.8kg 左右，很多牧场会让猪吃 90 天的橡果甚至更久，体重可以增加到 160~180kg。

图 3-56 2022 年 11 月拍摄的 Maldonado 品牌位于埃斯特雷马杜的牧场

西班牙的橡果林主要集中在南部的埃斯特雷马杜拉自治区、安达卢西亚自治区、卡斯蒂利亚—拉曼恰自治区和卡斯蒂利亚莱昂自治区。整个西班牙有大约 $4 \times 10^6 \text{hm}^2$ 的橡果林，邻国葡萄牙也有大约 10^6hm^2 的橡果林，一直绵延到葡萄牙的首都里斯本。西班牙官方规定的"1hm² 一头猪"的要求也是有足够底气的，很多厂家可以做到一头伊比利亚猪占地 2~4hm²，有的大厂家甚至可以做到一头猪占地 6~10hm²。

橡树有六七十个品种，西班牙境内常见的也有四五个品种。橡树的生长周期非常缓慢，至少需要 11 年才会开花结果，西班牙有着全世界最大的橡果林。

比如圣栎树（图 3-57）或冬青栎（Encina），每年 11 月到次年的 2 月结果，相对来说时间比较短，是伊比利亚猪主要食用的橡果品种。

图 3-57　La Encina 圣栎树

西班牙栓皮栎（El Alcornoque）也十分常见（图 3-58），属于前者的补充产品，结果持续时间较长，从 9 月底到次年的 4 月，可以为伊比利亚猪提供更长的橡果季。达到重量要求的伊比利亚猪可以分两批甚至三批进入橡果林，有的厂家则选择让伊比利亚猪食用更长时间的橡果，从而更好地为伊比利亚猪增重，吃了更多橡果也可以让伊比利亚猪肉质更香。在这个过程中伊比利亚猪也会食用一些新鲜的花草，不再喂食谷物饲料。

图 3-58　El Alcornoque 西班牙栓皮栎

橡果季开始在每年9月底，在此之前，为了让猪熟悉路线，尽快适应橡果季，有的厂家会在路上撒上大量的板栗，先铺一条板栗路线，以便让猪沿着板栗熟悉路线。

橡果季的时候都有牧猪人，这个应该是西班牙才会有的职业，毕竟这么广阔的橡果林需要有人带着伊比利亚猪去采食，并且在晚上带回来，以防走失。每家的牧场都是私人领地，如果有机会去西班牙南部旅行，会看到很多用石头垒砌的小墙（图3-59），不到一米高，一方面用来分割领地，也防止伊比利亚猪走失，也会设计钢筋的路面防止猪走出去（图3-60）。

图3-59　哈武戈产区的石墙

图3-60　钢筋路面，人车可以通行，伊比利亚猪脚较小无法通过

图 3-61　圣栎树的橡果

在橡果季伊比利亚猪的肉质会发生非常大的改变，伊比利亚猪经过橡果季最少增重 46kg，进入屠宰场时，通常重量在 150~180kg，而我们平时吃的白猪一般长到 115kg 左右就会被屠宰。

橡果因为橡树种类的不同会有不小的差异（图 3-61），整体来说高纤维、高油脂。常见的橡果味道偏苦不适合人类食用，但是，西班牙也有味道比较甜的品种，在西班牙南部安达卢西亚自治区的市场中可以买到，在其他地区并不常见。西班牙人将食用过橡果的伊比利亚猪称为"行走的橄榄"，因为橄榄富含不饱和脂肪酸，而吃了大量橡果的伊比利亚猪也富含不饱和脂肪酸，基本上可以达到 60% 左右。食用橡果的伊比利亚猪肉还是非常有益于健康的，对人体心脑血管都有好处，当然最大的快感还是来自食物本身，毕竟美味的食物是可以让人心情愉悦。

再聊一个有意思的小话题，橡果是生产顶级伊比利亚火腿不可缺少的，但是，橡果的产量却主要是靠天吃饭。2014~2017 年，橡果产量稳定增加，食用橡果的伊比利亚猪从 2014 年的 52.7 万头增加到 2017 年的 74.1 万头（表 3-9），但是，2018 年因为气候原因，橡果产量下降，2018 年食用橡果的伊比利亚猪只有 66.9 万头。这个产量减少不会马上体现在消费者市场上，因为这个年份是猪被屠宰并开始制作火腿的时间，2~4 年之后才会上市。2018 年，由于很多伊比利亚猪吃不到橡果，绿标或者白标火腿的产量会增加。可以肯定的是，由于伊比利亚橡果火腿在全球出口增加，市场需求在增加，产量增加相对有限，因此，价格上涨几乎不可逆转。伊比利亚橡果火腿的价格，从 2008 年到 2019 年上涨了大约 40%，个别品牌几乎每年上涨 3%~5%，甚至更高（图 3-62）。

表 3-9　2014—2021 年伊比利亚橡果猪屠宰 / 合格数量表

项目	年份						
	2014—2015	2015—2016	2016—2017	2017—2018	2018—2019	2019—2020	2020—2021
屠宰头数	527315	680408	727986	741132	669480	732962	682935
合格头数	513709	668885	713894	729573	654388	719777	672505

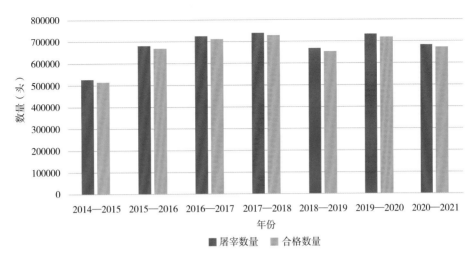

图 3-62　2014—2021 年伊比利亚橡果猪屠宰合格数量和合格数量示意图

　　这个表格主要是以屠宰数量为标准计算，对比屠宰数量和合格数量，整体合格率在98% 左右。差额可能是由于制作过程中毁坏，或者没有最终上市等原因导致。

　　2020—2021 年橡果季，46.8% 的猪出自安达卢西亚地区，为 319889 头，比 2019—2020 年同期下降 7.3%；35.2% 产自埃斯特雷马杜拉地区，为 240376 头，比 2019—2020 年同期下降 9%；7.7% 产自卡斯蒂利亚莱昂，为 52900 头，比 2019—2020 年同期下降了0.3%；另外，葡萄牙地区 57304 头，占比 8.4%，也下降了 3%。这种全面的产量下降，势必会影响 2~4 年后火腿上市后的价格。

　　图 3-63 为 2020—2021 年伊比利亚猪经过橡果季的血统数量百分比，我们可以看到，食用橡果的火腿中，纯种猪占比超过 60%，吃橡果的纯种伊比利亚猪占比越来越高，意味着黑标火腿产量是红标火腿产量的 1.5 倍还要多了，50% 血统的红标不到 100% 血统黑标产量的一半，75% 血统伊比利亚橡果猪占比最低。

图 3-63　2021 年伊比利亚橡果火腿百分比示意图

伊比利亚火腿等级

伊比利亚火腿从 2014 年开始进行全新等级划分，通过放在伊比利亚猪脚踝的 4 个不同颜色的塑料标签来标注（图 3-64）。提到伊比利亚猪等级划分就不得不提 ASICI 这个组织——伊比利亚猪肉产业联合组织（Asociación Interprofesional del Cerdo Ibérico）（图 3-65），该组织是一个非营利性、跨专业农业食品组织，代表着占伊比利亚猪生产 95%以上的畜牧公司和生产加工公司。该组织创建于 1992 年，1999 年被西班牙农业部认证为伊比利亚猪行业领域的跨专业食品组织。西班牙伊比利亚火腿等级的划分就是该组织发布和认证，该组织将西班牙伊比利亚火腿分为 4 个等级，分别是黑标、红标、绿标和白标。

图 3-64　伊比利亚猪肉产业联合组织划分的伊比利亚猪 4 个等级标签

图 3-65　伊比利亚猪肉产业联合组织标志

该组织的目的是代表伊比利亚养猪行业管理，保护和协调。该组织的主要工作内容包括：

提高产品质量和改善伊比利亚产品的环节，监控从生产到终端消费者的整个过程。

提高市场的了解、效率和透明度，研究国外市场（进口 / 出口）和伊比利亚猪产业商铺分销的地位，以及消费趋势。

推广和传播伊比利亚猪的产品，因其优势特性激发消费者对这些产品的了解和欣赏。

推广促进创新过程的研究和开发计划。

捍卫伊比利亚猪可持续性发展和保持伊比利亚猪品种的生物多样性。

虽然规定是 2014 年开始执行的，但是由于火腿制作周期的原因，基本上到了 2017 年以后，才在市面上形成主流。不过即便是到现在还会有人按照 3 个等级的划分，在 2014 年新的划分标准实施之前伊比利亚火腿是按照 3 个等级进行划分的，它们分别是 Bellota（橡果）、ReCebo（混合）和 Cebo（谷饲）。由于 Bellota（橡果）不区分血统，那些追求纯血统的厂家并不满意。ReCebo（混合）通常是散养，也能吃到一些橡果。但是，3个等级划分定义太过宽泛、模糊，因此，现在已经取消了这一等级划分标准。

如今伊比利亚火腿的等级从高到低分别是黑、红、绿和白4个等级，这4个等级是国家层面进行的划分，伊比利亚火腿有4个DOP产区，产区内有着一套更为严格的划分标准。伊比利亚火腿DOP产区内是按照3个等级进行划分的，分别是黑标100%伊比利亚橡果火腿、红标75%伊比利亚橡果火腿和绿标75%或100%伊比利亚田园谷饲火腿，没有白标谷饲这一等级。另外血统要求最低是75%，50%血统是不被允许的。其中哈武戈这个产区不产DOP认证的绿标，只有黑和红两个等级。产区内大多数工厂还是按照国家的分类去生产火腿，有些厂家部分产品申请DOP认证，部分按照国家标准去生产。申请DOP认证需要更严格的标准和额外的费用，所以，很多厂家即便是有符合标准的产品也不一定会去申请。

伊比利亚火腿存在下面的几种可能（表3-10），在4个主产区制作申请DOP认证或申请ASICI认证，或者什么认证都没有申请制作的伊比利亚火腿；也存在不在4个主产区制作但是申请ASICI认证的火腿，或者不在4个主产区制作，也没有申请ASICI认证的火腿。这些因素都会影响火腿的质量与价格，但是，也不是绝对的关系，认证的不一定比不认证的贵，或者说认证的也不一定比不认证的品质更高。

表3-10　伊比利亚火腿的认证情况

认证种类	4个DOP认证产区	非DOP认证产区
DOP认证	√	×
ASICI认证	√	√
没有任何认证	√	√

黑　标

黑标火腿（图3-66）就是指100%血统伊比利亚猪食用橡果制成的火腿。黑标作为伊比利亚火腿的最高等级，自然也有着最为严格的要求，100%的伊比利亚猪的血统和食用橡果。很多消费者会对百分比产生误区，以为是100%食用橡果，这个是不对的，伊比利亚火腿的百分比都是指伊比利亚猪的血统而不是食物。从2014年开始4个等级划分后，黑标火腿2014年制作量是296277条，2015年412678条，从2016年开始制作量基本维持在50万到65万。

西班牙语：100% Ibérico de Bellota。

图 3-66　卡拉斯科黑标伊比利亚火腿

英语：Acorn-fed 100% Iberian ham。

血统：100% 血统的伊比利亚猪。

伊比利亚猪小时候喝母乳之后食用谷物饲料，当伊比利亚猪长到 92~115kg 的时候，放入天然的橡果林中，每头伊比利亚猪一天食用 10kg 左右的橡果。

体重整体增重≥ 46kg。

平均增重过程≥ 60 天时间。

平均每头猪活动空间≥ 10000m²。

红　标

红标火腿（图 3-67）是指血统为 50% 或 75% 的伊比利亚猪食用橡果制成的火腿。黑标火腿和红标火腿相比，差异并没有那么大，它们除了血统有差异，其他方面都是一样的。

有不少品牌主打红标，虽然它们也有黑标绿标。比如，知名品牌 Joselito 火腿的血统有不少属于红标，会选用 75% 血统的伊比利亚猪，当然也会用 100% 血统伊比利亚猪，都称为 Joselito。如果是同一个品牌有黑红两个等级，通常红标价格会比黑标低 10% 左右。红标火腿的产量基本上和黑标是差不多的，从 2019 年开始，黑标火腿占橡果火腿的 54%，红标火腿的 75% 血统占 11%，红标火腿的 50% 血统占 35%。要是从稀缺性角度考虑，75% 血统红标是橡果火腿里面最为稀缺的。

西班牙语：75%/50% Ibérico de Bellota。

英语：Acorn-fed 75%/50% Iberian ham。

血统：50% 或 75% 血统的伊比利亚猪。

伊比利亚猪小时候喝母乳之后食用谷物饲料，伊比利亚猪长到 92~115kg 时候，放到天然的橡果林，每头伊比利亚猪一天食用 10kg 左右的橡果。

体重整体增重≥ 46kg。

平均增重过程≥ 60 天时间。

平均每头猪活动空间≥ 10000m²。

图 3-67　卡拉斯科红标伊比利亚火腿

橡果火腿误区：

很多消费者在购买西班牙火腿的时候，很纠结于一定是黑标最好，红标不如黑标，这是一个误区。通过上文我们可以看到它们除了猪的血统有差异外，其他的条件都是一样的。实际上如果是同一个品牌，黑标价格会略高于红标，差价通常在10%左右。如果是同一个品牌，50%和75%是同样的价格，当然75%的会更好些。

总体来说，100%纯度火腿的味道会略重一些，低纯度火腿的味道会相对柔和一些。橡果火腿只占整个西班牙火腿产量的1.2%，已经属于最顶级的一类。因此，消费者仅需根据自己的口味喜好，挑选适合的火腿即可。

绿　标

绿标火腿（图3-68）也就是伊比利亚田园谷饲火腿，所谓田园谷饲是指伊比利亚猪在田园里散养，但是主要食物是谷物饲料，这一等级不再区分血统，不论是100%、75%或50%血统它们都是绿标。

因为伊比利亚火腿分级是从2014年开始实施，2013年只屠宰了49389头伊比利亚田园谷饲的猪，2014年屠宰了313895头，2015年屠宰了577737头，2016年屠宰了626916头，2017年屠宰了663744头，基本上到了2016年开始处于一个稳定上涨的阶段。

只有3个产区做DOP认证的绿标，分别是吉胡埃洛、埃斯特雷马杜拉和洛斯佩德罗切斯，而且伊比利亚猪必须是75%或100%血统。哈武戈地区不做DOP认证的绿标，但是这并不意味着哈武戈不生产绿标，这是两个概念，哈武戈地区生产国家层面认证的绿标。

绿标等级通常血统越纯，品质越好。有的绿标火腿，伊比利亚猪可能也食用过橡果，但是只要达不到橡果火腿的要求就只能算绿标。优质的绿标火腿十分油润，香味也不错。和橡果火腿对比最大的区别是味道的丰富度和回味不足，绿标火腿再好吃，咽下去后几乎不会有任何回味，但是，橡果火腿的香味可以在口腔中持续数十秒。对于大多数消费者，只要买到品质好的绿标完全可以作为一个优质的食品，毕竟价格比橡果便宜了一半。

图3-68　Aljomar绿标伊比利亚火腿

西班牙语：Jamón de Cebo de Campo。

英语：Iberian Pork Ham Natural Range Feed。

条件：田园谷饲是指伊比利亚猪食用谷物饲料，且需要放养在田园里食用一些花草，每一头伊比利亚猪最少需要 100m² 的活动空间。每个产区会有不同规定，有的是 300m² 以上，有的是 666m² 以上。

白 标

白标火腿（图 3-69）属于伊比利亚火腿中产量最大的，占整个伊比利亚火腿产量的 60% 左右。白标多是以 50% 血统为主，但也有少量 75% 甚至 100% 血统的伊比利亚猪。同时，有非常多以生产白猪火腿为主的火腿厂，也会制作白标伊比利亚火腿，但还是建议购买产区内生产的白标火腿，品质相对优于非产区的大厂产品。白标火腿因为是圈养，品质不好的话，会有一些猪的味道，让很多消费者不适。

西班牙语：Jamón de Cebo。

英语：Cereal-Fed Iberian Pork Ham。

条件：伊比利亚猪食用谷物饲料，每一头伊比利亚猪最少需要 2m² 的活动空间。

图 3-69　Aljomar 白标伊比利亚火腿

很多中国消费者会认为散养一定会比圈养品质好，在国内市场很多时候散养猪的价格会比圈养猪贵 1 倍甚至数倍。事实上，同一个品牌绿白标之间的差价在 15%~25%。绿标火腿因为猪是散养，过程中还能吃一些新鲜花草，对猪肉味道产生影响。火腿生产中，猪的品种是基础，猪的饲料是用来区别层次的，吃不同的食物会影响到猪肉本身的味道。好的谷饲火腿有非常浓郁的肉香味，甚至有时候可以吃出奶香味。如果可以的话建议优先选择绿标，毕竟散养的风味会更好一些。

可能会有人有疑虑，为什么橡果火腿还根据血统划分，但是，绿标和白标血统可以是 50%、75% 或 100%。有的厂家用 50% 血统的伊比利亚猪做橡果火腿，因为偏爱橡果火腿，用 100% 血统做相对低端的绿标甚至是白标火腿，这可能是厂家的策略；也可能是天气原因导致橡果产量不足，很多猪吃不到橡果等原因。

图 3-70 展示的是 2014~2021 年西班牙伊比利亚火腿贴标的制作量，火腿在开始制作的时候就要在伊比利亚猪脚踝处套上塑料标签，每一条腿都有它独一无二的条形码。表格中的数量是指当年 4 个等级标签使用的数量。但是，有些品牌既不申请产区内条形码，也不申请国家等级的条形码，因此，不会出现在这个数据中。我们可以看到，除了 2021 年受到疫情、通胀等影响，伊比利亚火腿产量有所下降，其他年份都是稳步增加的。

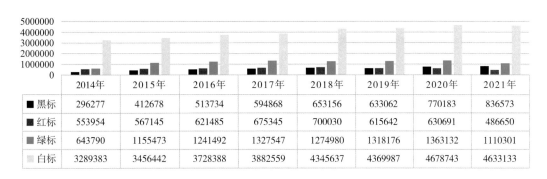

	2014年	2015年	2016年	2017年	2018年	2019年	2020年	2021年
■ 黑标	296277	412678	513734	594868	653156	633062	770183	836573
■ 红标	553954	567145	621485	675345	700030	615642	630691	486650
■ 绿标	643790	1155473	1241492	1327547	1274980	1318176	1363132	1110301
□ 白标	3289383	3456442	3728388	3882559	4345637	4369987	4678743	4633133

■ 黑标　■ 红标　■ 绿标　□ 白标

图 3-70　2014~2021 年伊比利亚火腿产量示意图

有些数量是奇数，因为不合格的腿不会用于制作，而且即便这些腿全部用于制作，最终上市的也要少于给出的数量，会有一定比例成品重量不符合标准，或者制作过程中变质报损的产生。

图 3-71 的信息是根据 2016 年伊比利亚猪等级数据统计出来的，该信息每年都会有波动，另外，也存在一些非登记在册的伊比利亚猪。

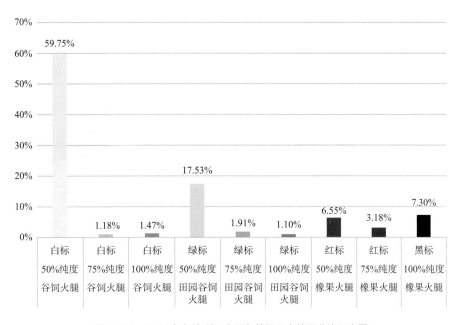

图 3-71　2016 年伊比利亚火腿各等级及血统百分比示意图

我们可以看到谷饲伊比利亚火腿占到整个伊比利亚火腿产量的 60% 以上，如果加上绿标的田园谷饲，占比就超过 80% 了，产量也说明主流伊比利亚火腿市场还是以谷饲为主。

血统分析，血统是 50% 的占比为 83.65%，血统为 75% 占比为 6.27%，血统为 100% 占比是 9.85%。我们发现 75% 血统的猪属于最少见的伊比利亚猪，经过两次后，75% 血统的猪杂交获得伊比利亚猪和杜洛克猪的各自优势。对于大多数消费者来说，50% 和 75% 血统在味觉体验上很难区分。

伊比利亚火腿等级标签查询方式

图 3-72 是我们所说的标签，每个标签都有对应的条形码，可以下载 Ibérico（ASICI 西班牙伊比利亚猪专业联盟的 App）来扫描标签（图 3-73），会显示这条火腿的等级、血统、产地和屠宰时间等信息。我们通过制作时间，减去火腿出厂时候的生产日期，就可以计算出火腿的熟成时间。图 3-74 是我们选择了一条吉胡埃洛产区的卡拉斯科火腿来举例，通过扫描火腿脚踝上信息，我们可以得到这条火腿是后腿，橡果红标，血统 50%，制作时间是 2018 年 2 月，产区是卡斯蒂利亚莱昂，这个卡斯蒂利亚莱昂是吉胡埃洛所在自治大区的名称。

图 3-72 脚踝上 13 位数的条形码是伊比利亚火腿独一无二的编号

图 3-73 可以通过扫描条形码，或输入条形码数字进行查询

图 3-74
专属编号：137028691702
前后腿：后腿
食物：橡果
血统：50% 伊比利亚猪
制作时间：2018 年 2 月
产区：卡斯蒂利亚莱昂

伊比利亚火腿产区

西班牙伊比利亚火腿产区中有 4 个取得了 DOP 认证，分别是吉胡埃洛（Guijuelo）、哈武戈（Jabugo）、埃斯特雷马杜拉（Extremadura）、洛斯佩德罗切斯（Los Pedroches），此外还存在一些未取得 DOP 认证的产区，如阿拉贡地区、加泰罗尼亚地区、穆尔西亚地区，甚至还有葡萄牙。关于 4 个产区的 DOP 认证存在一个很大的误区，就是在这 4 个产区制作的火腿并不等同于取得了 DOP 认证，绝大多数在这 4 个产区制作的火腿，只取得西班牙 ASICI 的认证，但是没有申请 DOP。因为 DOP 认证过程烦琐，成本相对更高，标准自然也更严谨，通常厂家会有部分火腿申请 DOP 认证，大部分选择 ASICI 常规等级认证。表 3-11~ 表 3-14 是 2014 年到 2022 年取得 ASICI 认证的伊比利亚火腿产量和产区分布表格，数据来源于 ASICI 官方网站。其中安达卢西亚包含哈武戈和洛斯佩德罗切斯这两个产区，卡斯蒂利亚莱昂包含吉胡埃洛产区。

表 3-11　2014~2022 年取得 ASICI 认证的伊比利亚白标火腿产量和产区分布表

产区名称	2014	2015	2016	2017	2018	2019	2020	2021	2022
安达卢西亚	116796	128891	175903	161390	142569	108715	114138	209398	178448
阿拉贡	0	0	294	1472	808	370	0	0	0
卡斯蒂利亚拉曼恰	144290	178679	264226	300502	302336	287777	304962	301439	313259
卡斯蒂利亚莱昂	2316740	2447522	2543168	2541533	2890947	2890116	3074450	2922124	3072487
加泰罗尼亚	45975	64534	62169	58282	66088	62165	66389	71860	64358
埃斯特雷马杜拉	414429	355793	429317	462112	450782	434651	449120	436304	441796
木尔西亚	235962	258875	246624	339288	487657	586031	669664	692008	718985
葡萄牙	15191	22148	6687	17980	4450	162	20	0	0
合计	3289383	3456442	3728388	3882559	4345637	4369987	4678743	4633133	4789333

表 3-12　2014~2022 年取得 ASICI 认证的伊比利亚绿标火腿产量和产区分布表

产区名称	2014	2015	2016	2017	2018	2019	2020	2021	2022
安达卢西亚	84070	141493	149511	143096	143890	142088	122836	106645	122331
卡斯蒂利亚拉曼恰	2452	12183	8746	15333	15888	5673	12461	6841	10416
卡斯蒂利亚莱昂	431665	764086	777679	847297	812205	863233	932903	759882	762842
加泰罗尼亚	0	0	0	0	0	0	294	0	0

产区名称	2014	2015	2016	2017	2018	2019	2020	2021	2022
埃斯特雷马杜拉	123105	230429	297618	315426	299978	307032	294590	236933	215053
葡萄牙	2498	7282	7938	6395	3019	150	48	0	0
合计	643790	1155473	1241492	1327547	1274980	1318176	1363132	1110301	1110642

表 3-13　2014~2022 年取得 ASICI 认证的伊比利亚红标火腿产量和产区分布表

产区名称	2014	2015	2016	2017	2018	2019	2020	2021	2022
安达卢西亚	70121	77498	76022	83972	67040	43758	31344	12888	18680
卡斯蒂利亚拉曼恰	433	1067	1070	7009	8980	2407	7864	3241	937
卡斯蒂利亚莱昂	397481	395660	447862	482064	520206	493939	525684	423701	402262
埃斯特雷马杜拉	80105	88571	93967	97182	99481	75000	65761	46820	42515
木尔西亚	0	0	0	600	0	0	0	0	0
葡萄牙	5814	4349	2564	4518	4323	538	38	0	0
合计	553954	567145	621485	675345	700030	615642	630691	486650	464394

表 3-14　2014~2022 年取得 ASICI 认证的伊比利亚黑标火腿产量和产区分布表

产区名称	2014	2015	2016	2017	2018	2019	2020	2021	2022
安达卢西亚	197114	280266	310748	318983	336463	324574	358970	342285	321755
卡斯蒂利亚拉曼恰	637	641	954	2322	1842	1978	2585	3077	2407
卡斯蒂利亚莱昂	68782	81586	131118	186874	215418	219453	296506	349506	337172
埃斯特雷马杜拉	22198	39642	58241	81055	90708	85293	111055	141705	133313
木尔西亚	0	0	268	668	0	0	0	0	0
葡萄牙	7496	10543	12405	4966	8725	1764	1067	0	0
合计	296227	412678	513734	594868	653156	633062	770183	836573	794647

　　有一些伊比利亚火腿并不在这些产区里生产，它们通常都是由一些大型肉类加工公司制作的，特点是价格更低，因为不具备产区特有的气候条件，品质相对也会差一些。伊比利亚火腿不建议选择非产区内的产品，虽然可能会存在性价比高的产品，但是非常少见。因为伊比利亚火腿的制作，除了伊比利亚猪、橡果等原材料因素，自然环境也至关重要，毕竟养猪不过 15 个月左右，火腿贮存要 2~5 年的时间。好的伊比利亚火腿，因为自身水

分含量大，制作之初需要人工干预，除此之外 70% 的时间都是和大自然在互动，人工干预很少。

这 4 个法定产区不存在高低之分，每个产区都有自己的特色。形成这 4 个产区有历史原因、自然环境原因，也和社会发展进步相关。这 4 个产区之间产量差异非常大，2021 年和 2022 年的 ASICI 数据表明，这 4 个产区占了伊比利亚火腿产量的 85% 左右。其中吉胡埃洛（Guijuelo）产量占比超过 60%，埃斯特雷马杜拉（Extremadura）占比超过 10%，哈武戈（Jabugo）和洛斯佩德罗切斯（Los Pedroches）占比 9% 左右。

我们从北到南，逐个介绍伊比利亚火腿产区。

吉胡埃洛（Guijuelo）产区

吉胡埃洛（Guijuelo）作为最靠北部的火腿产区，也是成立相对较晚的一个产区，不同于哈武戈（Jabugo）和埃斯特雷马杜拉（Extremadura），这两个产区本身就是牧场和伊比利亚猪传统的生活区域。吉胡埃洛（Guijuelo）位于西班牙中间靠西的区域，距离葡萄牙的直线距离不到 100km，是西班牙最大自治区卡斯蒂利亚莱昂的一个市镇，全市人口不到 6000 人，但是，有近 200 家火腿厂和小作坊（图 3-75、图 3-76）。

图 3-75　吉胡埃洛火腿厂 Fisan

图 3-76　吉胡埃洛火腿厂 Blazquez

　　吉胡埃洛是 4 个产区中制作火腿历史相对较短的，只有 100 多年的历史，人们发现该区域非常适合制作伊比利亚火腿，才逐渐形成了产区。早在 100 多年前，整个城镇人口也不过五六百人。

　　如今 65% 的劳动人口都和该产业相关，当然也有很多周边城镇的人来这里工作，伊比利亚火腿使得该城镇成为西班牙人均产值最高的地区之一。这个小镇现在已经没有太多居民了，居住的多是一些老人，特别是火腿厂的老板，都很喜欢住在火腿厂或者就在厂子隔壁盖一个住所。年轻人很多都住在周边的城市，例如萨拉曼卡市，只有半小时的车程。

　　吉胡埃洛（Guijuelo）地区海拔较高，平均 1000m 以上，空气干冷，冬季最冷在 -1~8℃，夏季在 14~30℃，降水较少，风较大，非常适合制作火腿。但是，这里并不是传统的伊比利亚火腿产区，因为该地区并没有太多橡果林，也不是伊比利亚猪传统活动区域。在 2021 年吃橡果的伊比利亚猪中，吉胡埃洛市所在大区卡斯蒂利亚莱昂只占 7.7% 的养殖量，但是，该产区伊比利亚火腿的产量却占伊比利亚火腿总产量的 60% 左右。

吉胡埃洛原产地名保护产区（DOP Guijuelo）

吉胡埃洛原产地名保护产区（下面都简称 DOP 吉胡埃洛），并不是在吉胡埃洛产区生产就可以取得 DOP 认证，这是两个概念，产区规定相对高于国家规定，这也是强调产区的重要原因。

DOP 吉胡埃洛（图 3-77）规定如下：

（1）产品名称为 Guijuelo。

（2）伊比利亚猪及衍生伊比利亚猪，也就是杂交伊比利亚猪的养殖、加工、制作过程需要完全遵守吉胡埃洛产区规范和国家的规定，该规定适用于后腿（Jamón）和前腿（Paleta）且最少为 75% 血统的伊比利亚猪，这一点高于国家规定，国家规定 50% 以上血统即可。

（3）吉胡埃洛火腿只可以使用在如下区域出生、养殖和育肥的伊比利亚猪进行加工。

萨莫拉省：萨亚戈市，杜罗河下游。

塞戈维亚省：葵力亚尔市。

萨拉曼卡省：全省。

卡萨雷斯省：全省。

巴达霍斯省：全省。

托莱多省：塔拉韦拉县和拉哈拉县。

雷亚尔城省：北蒙特斯和南蒙特斯县。

塞维利亚省：北部山脉地区。

科尔多瓦省：洛斯佩德罗切斯县，科尔多瓦山区。

韦尔瓦省：韦尔瓦山脉，西安德瓦罗和东安德瓦罗。

（4）DOP 吉胡埃洛火腿分为3 类：黑标 100% 血统伊比利亚橡果火腿（图 3-78）；红标 75% 血统伊比利亚橡果火腿（图 3-79）

图 3-77　DOP Guijuelo 标签

图 3-78　DOP Guijuelo 黑标火腿

和绿标 75%（图 3-80）或 100% 血统田园谷饲火腿。DOP 吉胡埃洛火腿只有这 3 个选项，不存在其他的可能性，这个规定适用于前腿和后腿。

图 3-79　DOP Guijuelo 红标火腿

图 3-80　DOP Guijuelo 绿标火腿

DOP 吉胡埃洛黑标 100% 血统伊比利亚橡果火腿规定：

物种血统为 100% 纯度的伊比利亚猪，该猪的父母基因、血统记录在系统中有登记可查，并且要确保它的父母辈也食用过橡果。

饲养和放养条件如下：

饲养区域要在 SIGPAC 内，也就是西班牙农业地理信息系统规定的区域。

制作 DOP 吉胡埃洛 100% 伊比利亚火腿的猪，必须在每年 10 月 1 日到 12 月 15 日期间进入橡果林，并在每年 12 月 15 日到次年 3 月 31 日进行屠宰。

进入橡果林猪的体重在 92~115kg，经过最少 60 天增肥，最少增重 46kg，最小年龄为 14 个月，出栏重量不少于 138kg。

DOP 吉胡埃洛红标 75% 血统伊比利亚橡果火腿规定：

物种血统为 75% 纯度的伊比利亚猪，要查看母猪伊比利亚猪的血统和公猪杜洛克猪的血统，血统记录在系统中有登记可查，查看其父母辈管理饲养条件，确保它的父母辈也食用过橡果。

饲养和放养条件如下：

饲养区域要在 SIGPAC 内，也就是西班牙农业地理信息系统规定区域，制作 DOP 吉胡埃洛 75% 伊比利亚火腿的猪，必须在每年 10 月 1 日到 12 月 15 日期间进入橡果林，并在每年 12 月 15 日到次年 3 月 31 日进行屠宰。

进入橡果林猪的体重在 92~115kg，经过最少 60 天增肥，最少增重 46kg，最小年龄为 14 个月，出栏重量不少于 138kg。

DOP 吉胡埃洛绿标 75% 或 100% 血统田园谷饲火腿规定：

物种血统为 100% 纯度的伊比利亚猪，该猪的父母基因，血统记录在系统中有登记可查，或 75% 纯度的伊比利亚猪，要查看母猪伊比利亚猪的血统和公猪杜洛克猪的血统，血统记录在系统中有登记可查。

饲养和放养条件如下：

伊比利亚猪可以食用充足的谷物饲料，在室外活动时，平均每头猪占有不少于 100m^2 的活动空间。育肥期最少持续 60 天，屠宰年龄最小为 12 个月。

对伊比利亚火腿的重量及制作周期有下列规定：

（1）DOP 吉胡埃洛黑标 100% 纯度伊比利亚橡果后腿：≥ 6.5kg，从屠宰到加工出厂，周期大于 730 天，如果大于 800 天可以在包装上加入精选的标识。

（2）DOP 吉胡埃洛黑标 100% 纯度伊比利亚橡果前腿：≥ 3.7kg，从屠宰到加工出厂，周期大于 365 天，如果大于 425 天可以在包装上加入精选的标识。

（3）DOP 吉胡埃洛红标 75% 纯度伊比利亚橡果后腿：≥ 7kg，从屠宰到加工出厂，周期大于 730 天，如果大于 800 天可以在包装上加入精选的标识。

（4）DOP 吉胡埃洛红标 75% 纯度伊比利亚橡果前腿：≥ 4kg，从屠宰到加工出厂，周期大于 365 天，如果大于 425 天可以在包装上加入精选的标识。

（5）DOP 吉胡埃洛绿标 75% 或 100% 纯度伊比利亚田园谷饲后腿：血统 100% ≥ 6.5kg；血统 75% ≥ 7kg，屠宰到加工出厂，周期大于 730 天。

（6）DOP 吉胡埃洛绿标 75% 或 100% 纯度伊比利亚田园谷饲前腿：血统 100% ≥ 3.7kg；血统 75% ≥ 4kg，屠宰到加工出厂，周期大于 365 天。

总体来说，强调血统 75% 及以上，最低等级是绿标田园谷饲。其实在吉胡埃洛大多数火腿并不会贴上 DOP 认证的标识，因为申请 DOP 认证会导致成本增加。

以 2019 年的数据为例，从 2018 年 8 月 31 日到 2019 年 8 月 31 日期间，DOP 吉胡埃洛一共制作了 8430 头 100% 纯度伊比利亚橡果猪，30049 头 75% 纯度伊比利亚橡果猪，5167 头 75% 纯度的伊比利亚田园谷饲猪和 269 头 100% 纯度的伊比利亚田园谷饲猪，这一时间段制作了 87000 条后腿和 87000 条前腿。就 4 个产区而论，75% 血统占伊比利亚火腿的比例要低于 100% 血统，但是，在 DOP 吉胡埃洛这个等级占比较多，这从另一个方面反映出吉胡埃洛产区很多品牌更偏爱制作红标火腿。

该产区海拔较高，天气偏冷，因此火腿制作成熟周期更长，含盐量更低，滋味更甜美。吉胡埃洛最有代表性的品牌有：Joselito、Carrasco、Aljomar 等。

Joselito 这个品牌无论是在西班牙还是在中国都有名气，知名度仅次于 5J。Joselito 也可以说是最为神秘的一家，火腿品质是毋庸置疑的，但是，从来不谈论猪的纯度。Joselito 应该是少有的纯天然制作火腿品牌，不添加任何添加剂。在西班牙，很多米其林餐厅选用这个品牌，比如，早期的 EL bulli，后来的 Tickes 等。自我定位也是西班牙最好的火腿，这是它们自己的定位，品质自然是无疑的。

Carrasco 是最早到吉胡埃洛地区制作火腿的公司之一。1895 年，由于从西班牙南部埃斯特雷马杜拉（Extremadura）到北部加利西亚（Galicia）的火车通车，卡拉斯科家族来这里创立了这个品牌。他们注重品质，不引进外来资金，做法非常传统，即便过了 100 多年，每年产量也非常有限，一年大约制作 12000 条火腿。在西班牙最重要的菜市场——马德里的圣米盖尔市场（Mercado de San Miguel）和巴塞罗那的波盖利亚（Mercado la Boqueria）都可以看到它们的身影。主打红标橡果火腿，少量黑标和绿标火腿。

Aljomar 不同于前两家，是少有的全能型火腿厂，公司发展历史并不长，至今不过 20 多年，从塞维利亚一家小肉食店发展到吉胡埃洛规模最大的一家火腿厂，比别人少用了 100 年的时间就走到了最前列。大多数人来吉胡埃洛都是从马德里开车过来，到了该镇遇到的第一家工厂你就可以看到 Aljomar 的标志。Aljomar 不同于前两个品牌，它的产品线最为丰富，从白标、绿标、红标到黑标，甚至创始人还专门精选一款限量版金标，每一条都有极高的品质。产品线丰富可以满足不同客户的需求，毕竟不是所有人都会消费顶级火腿，它们还有 Cafina Ibérica 和 Chacinería 两个副牌。

此外，吉胡埃洛产区还有 Torreon、Fisan、Blazquez、Marcos、Julián del Ángila 等优质品牌，部分品牌也能在国内看到，未来中国市场会有越来越多的西班牙伊比利亚品牌进入。

埃斯特雷马杜拉牧场产区（Dehesa De Extremadura）

埃斯特雷马杜拉牧场产区，是西班牙 4 个产区中唯一一个在名字中带有牧场（Dehesa）字样的产区，位于吉胡埃洛产区的南部，西班牙的西南部，与葡萄牙接壤。1990 年被命名为埃斯特雷马杜拉牧场产区（Dehesa de Extremadura）（图 3-81），1996 年取得欧盟认证。该产区总面积超过 100 万公顷，占西班牙橡果林总面积 40% 以上（图 3-82）。该区域是典型的地中海气候，由于受到大西洋洋流的影响，冬季干燥，年平均温度在 16~17℃，夏季温度较高，可以到 40℃，冬季温度较温和，平均在 7~8℃。火腿的熟成会较北部产区更快一些，夏季的高温也会使得火腿味道更为强烈。

图 3-81　埃斯特雷马杜拉首府巴达霍斯

图 3-82 埃斯特雷马杜拉自治区下阿尔布开克市镇和橡果林地

DOP 埃斯特雷马杜拉产区认证（图 3-83），意味着从源头到制作最终完成整个过程的全程监督管理。每头猪都有独立的身份证明，通过控制伊比利亚猪的血统、体重、食物等控制前期的养殖。每一条 DOP 埃斯特雷马杜拉产区认证的火腿在屠宰后都会打上对应等级条形码，保证每一条火腿都可以溯源。

总体来说是通过监控牧场、制作过程和出品这 3 个过程，来保证每一条 DOP 埃斯特雷马杜拉产区认证的火腿都是高品质的产品。每一环节的具体要求如下：

监控牧场：每一个产区认证的牧场都要登记在案，工作人员会根据产区法律规定不定期前往检查，根据牧场面积、橡树的密度来决定牧场可以饲养的伊比利亚猪数量的上限。每一头猪的血统、年龄和体重都登记在册，每头猪的耳朵上都有一个金属片来识别。取得认证后，工作人员也会经常走访，确保伊比利亚猪育肥期过程规范化完成。

图 3-83　DOP Dehesa de Extremadura 标志

控制加工：一旦伊比利亚猪结束

育肥期进行屠宰后，根据耳朵上的金属片进行对应火腿塑料条形码的替换，会将对应的塑料条形码捆绑在火腿的脚踝部位，一直到出厂。每一个加工环节，包括腌制、沉淀、干燥、熟成等都要记录，任何过程中不符合产区规定的火腿都将会被取消资格，销毁条形码。DOP 埃斯特雷马杜拉产区理事会也会不定期进入工厂抽查火腿。

控制出品：火腿一旦成熟后，产品理事会将会进行审批，符合标准后就会授予合格标记。工作人员会查看火腿的状态、完整性和熟成时间。专业且富有经验的火腿师傅通过骨针插入火腿的内部来闻火腿的气味，通过手按压火腿的不同部位来确认成熟程度。合格后会发放 DOP 埃斯特雷马杜拉认证的专属标签。这种严苛的管控，加上伊比亚猪本身需要大量的牧场来放养，食用橡果和较长的熟成时间，意味着每年产量都是非常有限的，每一条都非常珍贵。

DOP 埃斯特雷马杜拉产区加工过程：

（1）伊比利亚火腿的后腿和前腿在 DOP 埃斯特雷马杜拉产区制作，产区内有圣栎树（Encina）和软木橡树（Alcornoques）这两种橡树林。

（2）在该产区内制作和生产，包含屠宰、风干和窖藏必须都在该法定产区内完成。

（3）所有伊比利亚猪的血统为纯种或杂交，杂交的伊比利亚猪要符合现有法律规定，血统仅限于 75%：伊比利亚猪按血统和食物可分为 4 类：100% 血统伊比利亚橡果猪、75% 血统伊比利亚橡果猪、100% 血统伊比利亚田园谷饲猪和 75% 血统伊比利亚田园谷饲猪。

（4）食物是决定火腿品质的关键因素，根据食物的种类，可以分为两大类火腿，分别是橡果火腿和田园谷饲火腿，包含后腿和前腿。注意该分类是 DOP 埃斯特雷马杜拉的分类，非传统伊比利亚火腿的分类。橡果火腿：散养在牧场中，食物仅限新鲜橡果和牧草。每公顷最多放养 2 头猪。田园谷饲火腿：前期以饲料为主，后期在育肥阶段，也就是屠宰前的几个月，散养在牧场，食用草饲料和部分橡果。每公顷最多放养 15 头猪。

在育肥期，必须自由散养，猪食用食物和饮水点距离大于 100m，增加其运动距离，促进脂肪进入肌肉里。

制作橡果火腿的猪屠宰年龄在 14 个月以上，田园谷饲的猪屠宰年龄在 12 个月以上。

火腿制作的过程中要根据需要调整火腿窖的温度和湿度。

埃斯特雷马杜拉产区一共拥有 27 家火腿制作加工厂申请过 DOP 认证的产品。知名的品牌有：Maldonado、Montesano 和 Señorio de Montanera，并且都取得了出口到中国的资质。

Montesano 最早取得出口资质，也是该地区最大的火腿加工厂，因为产量非常大，在中国被拆分成很多品牌，例如 Montesano、Monte roble（橡山）和 La montanera 等。

Señorio de Montanera 以伊比利亚黑标火腿为主，有 DOP 认证产品和有机产品。

洛斯佩德罗切斯产区（Los Pedroches）

洛斯佩德罗切斯是西班牙南部安达卢西亚自治区科尔多瓦省的一个自然地理分区，也是县级行政区划，被称为洛斯佩德罗切斯谷地。该区域拥有大量超过百年的橡果林地，以冬青栎（La Encina）为主。该区域多丘陵和平原，气候十分湿润，景色十分美丽，这种环境对于伊比利亚猪肉质的提高有非常大的帮助，是伊比利亚天然的生长环境。伊比利亚猪和橡果林构成了一个完整的生态系统，这是在世界上其他国家中难以见到的。洛斯佩德罗切斯产区是西班牙四个法定产区中最小的一个，成立时间较晚，规模较小。但是这不妨碍洛斯佩德罗切斯产区生产大量优质的伊比利亚火腿。洛斯佩德罗切斯产区有 16 家火腿厂，产量较小，截至 2022 年洛斯佩德罗切斯产区都没有直接取得出口到中国的资质厂家，但是有通过哈武戈产区制作火腿出口中国的品牌 COVAP 火腿，这是目前中国市场上唯一的洛斯佩德罗切斯产区的火腿品牌。

产区内 DOP 认证的伊比利亚猪数量很少，屠宰数量如表 3-15 所示。

表 3-15 2014~2017 年洛斯佩德罗切斯产区内 DOP 认证的伊比利亚猪的屠宰情况

年份	2014-2015	2015-2016	2016-2017
黑标	11796	11865	11563
红标	1693	153	30
绿标	2304	781	3596
Recebo（已取消）	390	—	—
总数	16180	12799	15188

我们可以看到洛斯佩德罗切斯产区认证火腿的数量变化并不大，还是以黑标伊比利亚猪为主，占 70% 以上。4 大产区认证要求基本相同，血统都是 75% 或 100% 的伊比利亚猪，不认证白标火腿。

哈武戈产区（Jabugo）

哈武戈产区是西班牙 4 大产区中最南部的产区，哈武戈产区原名为韦尔瓦产区（图 3-84），韦尔瓦是哈武戈所在省份的名字，2015 年欧盟理事会通过 1151/2012 号条例，授权将韦尔瓦产区改名为哈武戈产区。

哈武戈产区是西班牙伊比利亚猪生长的原始区域，区域内有着大量 100% 血统伊比利亚猪。该区域包含 31 个市镇，西班牙的市镇规模普遍较小，大的市镇，例如马德里，有百万人口，小的市镇只有几十人，平均一个市镇人口在几千人左右。西班牙位于北半球，

图 3-84　韦尔瓦产区小镇

因此，越往南通常温度会越高，作为最南部的产区，该区域火腿整体用盐会略高于其他产区，熟成时间也会略短，但是味道却十分浓郁。产区内共有 32 个 DOP 认证的火腿厂。

哈武戈最知名的品牌 5J（Cinco Jotas）（图 3-85）是最早进入中国市场的火腿品牌之一，在西班牙伊比利亚火腿中也是最有影响力的品牌之一，对于增加海外市场对伊比利亚火腿的

图 3-85　5J 火腿厂

认知作出了非常重要的贡献。很多消费者最早听说的伊比利亚火腿就是 5J，也有很多人误以为 5J 是个等级。5J 产品线比较单一，只做 100% 血统伊比利亚橡果火腿，每公斤售卖的价格都是一样的。通常火腿越大熟成时间越长，5J 后腿火腿多在 6~8.5kg，也有 9kg 以上的，数量较少，前腿多为 4~6kg。通常 6~7kg 的 5J 火腿熟成时间在 30 个月左右，7~8kg 的在 36 个月左右，9~10kg 的熟成时间可以达到 48 个月甚至更久。

哈武戈产区的发展历史悠久：

1577 年，洛佩·德·维加的经文中就有记载该区域内有几个生产火腿的村庄。

1850 年，诞生了第一家制作伊比利亚火腿的公司。

1912 年，铁路网的出现，开始将火腿卖到周围的城市，例如塞维利亚、加迪斯等地区。

1995 年，申请到原产地产区韦尔瓦（DOP Huelva)，韦尔瓦是省，哈武戈是市。

1998 年，申请到欧盟原产地保护认证（DOP Huelva）（图 3-86）。

2017 年，欧盟委员会将 DOP 韦尔瓦改为 DOP 哈武戈（图 3-87）。

如今，DOP 哈武戈是 4 个伊比利亚 DOP 产区中，唯一一个只认证 100% 血统伊比利亚橡果火腿的产区，但是，产区内的工厂仍然会做各种等级的产品（图 3-88）。

图 3-86　DOP Huelva 老的标志

图 3-87　DOP Jabugo2017 年后的标志

图 3-88　DOP JABUGO

伊比利亚猪肉及衍生品

伊比利亚猪除了前后腿能做火腿，猪肉及猪肉衍生品也值得关注，如今，在中国市场也可以看到一些伊比利亚猪肉以及各种香肠。

伊比利亚猪肉可以说是猪肉中的极品，特别是橡果伊比利亚猪肉，呈雪花状，和顶级牛肉类似。好的伊比利亚猪肉，可直接煎、烤，无须放油，仅用一点海盐调味就非常美味（图 3-89）。橡果伊比利亚猪肉是可以做成七分熟甚至三分熟食用的（图 3-90），因为伊比利亚猪食用橡果还有花草，不用担心有普通猪肉的异味。由于烹调法的差异，每个国家猪肉分割的部位也会有所不同。图 3-91 中 4 个橘色字显示的部位，就是西班牙人最喜欢食用的伊比利亚猪肉部位，价格也最高。这几个部位是最不容易活动到的部位，因此更嫩。

图 3-89　笔者在 JABUGO 产区街边
小店吃到伊比利亚猪肉

图 3-90　Maldonado 肩颈肉，三分熟，这一味道让人印象深刻，是笔者吃到猪肉的天花板。只需要海盐，油都不需要

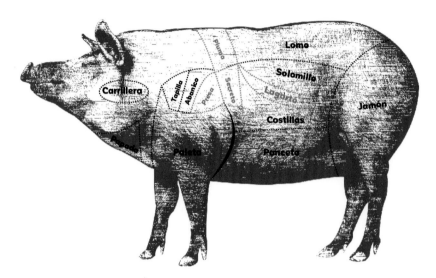

图 3-91　伊比利亚猪肉分布图

Carrillera/Pork Cheeks/ 猪脸肉：是猪的咬肌，富含胶原蛋白，Q 弹多汁，很适合用来做炖菜，炖几个小时都不会散，是性价比很高的一个部位。

Papada/Pork dewlap/ 猪下巴：伊比利亚猪的下巴肉很肥，脂肪含量很高，西班牙人会将其腌制成腊肉，用于调味，也适合制作炖菜。

Presa/Shoulder steak/ 肩颈肉：是伊比利亚猪肉最好的部位之一，位于猪腰部上方，这一部位肌肉均匀分布细腻的脂肪，肥肉相间，美味多汁。非常适合先煎一下表面，再放入烤箱烤制。

Pluma/Pork Flank（Top Loin）/ 羽状肉：是伊比利亚猪通脊开始前的部位，肉呈三角状，像是羽毛，肉质肥瘦分布均匀，非常嫩。适合烧烤、煎，也可以用于炖肉。

Secreto/Skirt Steak/ 肩胛肉：肩胛肉其实是猪前腿下面的腋窝肉，一头猪只有两片，一片在 400g 左右，这个部位非常适合煎着吃，用于中式炒菜也是上品，细嫩却不乏咬感。

Panceta/Pork Belly/ 五花肉（图 3-92）：伊比利亚五花肉油脂丰富，烤制最佳，也适合一些中式的炒菜、炖菜。

图 3-92　五花肉

Costilla/Back Ribs/ 肋排（图 3-93）：伊比利亚猪肋排味美多汁，油脂丰富，适合烧烤，也适合炖菜，简单腌制放入烤箱，出来就是美味。

Lomo/Pork Loin/ 大里脊（图 3-94）：大里脊也叫通脊，可以说是最万能的一块肉，煎、烤、炖、炒都是非常好的选择，肥瘦相间，不会像普通猪里脊肉那样柴。

图 3-93　肋排　　　　　　　　　　　　　　图 3-94　大里脊

Ibérico Carré/French Rack/ 法式肋排：选自伊比利亚猪腰部，连着肋骨，深受欧洲大厨的喜爱。适合烧烤或煎肉，肉本身含有较多脂肪，表面富有质地，里面肉非常细嫩。

每个国家甚至一个国家不同地区都有不同的肉的分割方法，比如国人最爱吃的排骨，伊比利亚肋排其实并不建议，因为西班牙人会将肋排上两侧的肉剔掉单独售卖，因此买到的伊比利亚肋排只有骨头中间一点肉，而且伊比利亚猪脂肪含量较高，烤后排骨上面的肉会少的可怜。

目前在国内很难买到高品质的伊比利亚橡果猪肉，因为好的肉在本土也不够吃，另外同样是伊比利亚黑猪肉价格可以相差 2~3 倍，在中国目前市场不够成熟的条件下，很少有进口商会选择进口高品质的伊比利亚橡果猪肉。

伊比利亚香肠

伊比利亚香肠主要有 4 类，分别是萨奇琼香肠（Salchichón）、乔里索香肠（Chorizo）、通脊肉香肠（Lomo）和莫尔松香肠（Morcón），这些都是音译，目前能出口到中国的只有前 3 类，莫尔松香肠暂时没有出口资质，其实它和乔里索香肠很像，区别在于乔里索香肠用的是猪小肠，莫尔松用的是猪大肠，因此，看起来是块状而不是长条状。

萨奇琼香肠，也称为萨尔其琼香肠。不要把萨奇琼（Salchichón）（图 3-95）和意大利的萨拉米，或者西班牙的 FUET（有的人称其为西班牙的萨拉米）相混淆。意大利的萨拉米是混用猪肉和牛肉，添加了盐、胡椒还有大蒜，之后熟成。德国也有类似的萨拉米，做法和意大利差不多，只是会加入烟熏的五花肉，所以有烟熏风味。匈牙利的萨拉米只可以使用猪肉。萨奇琼的原产地是西班牙，选用伊比利亚猪肉，加入胡椒，之后熟成。虽然，如今有很多变种，比如，用火鸡肉、鸡肉制作，甚至添加开心果，榛子等，但是品质都远不及传统伊比利亚猪肉制作的萨奇琼，而且，最优质的萨奇琼是用橡果伊比利亚猪肉制成。就价格而论，普通伊比利亚猪肉制成的萨奇琼要比橡果伊比利亚猪肉萨奇琼价格低很多，在选购的时候一定要注意。萨奇琼的熟成时间通常在 2~6 个月，橡果伊比利亚萨奇

图 3-95　卡拉斯科萨奇琼香肠

琼熟成时间相对更长。

乔里索香肠（Chorizo）（图 3-96）也是选用猪肉制作，除了大蒜，还添加了红色的菜椒粉，可甜可辣。由于菜椒粉在干燥的过程中用到了烟熏工艺，所以乔里索香肠也有烟熏风味。乔里索香肠除了切薄片直接食用，也可用来制作西班牙菜。和萨奇琼一样，最优质的乔里索自然是要选用橡果伊比利亚猪肉制作。

图 3-96　卡拉斯科乔里索香肠

通脊肉香肠（Lomo）是西班牙香肠里的尖货，因为，其他香肠用的都是碎肉，而Lomo 是选用一整根猪背脊制作，一头猪只能制作两根通脊肉香肠。通脊肉香肠和其他香肠最大区别在于纯粹，特别是橡果伊比利亚猪通脊肉制作的香肠，并不会像其他香肠那样肥腻，呈现的是肥瘦相间的大理石纹路（图 3-97）。

通脊肉香肠在制作过程中会添加红菜椒粉，通常根据自身重量，按照每千克重量入盐0.5 天计算，如 4kg 的重量应在盐中放置 1.5 天。

此外，还有腌制的五花肉，经过两个月左右的熟成时间，切薄片放在烤过的面包片上，用焗炉加热几秒，脂肪就会变得透明，十分美味。也可以作为西餐的配菜，切薄片放在煎好的鱼上，让鱼肉吃起来更肥美（图 3-98）。

图 3-97　卡拉斯科里脊香肠

图 3-98　Maldonado 熟成五花肉卷

除此之外还有一些伊比利亚风干小香肠，制作类似萨奇琼香肠和乔里索香肠，在西班牙的市场中也十分常见，属于零食类产品。

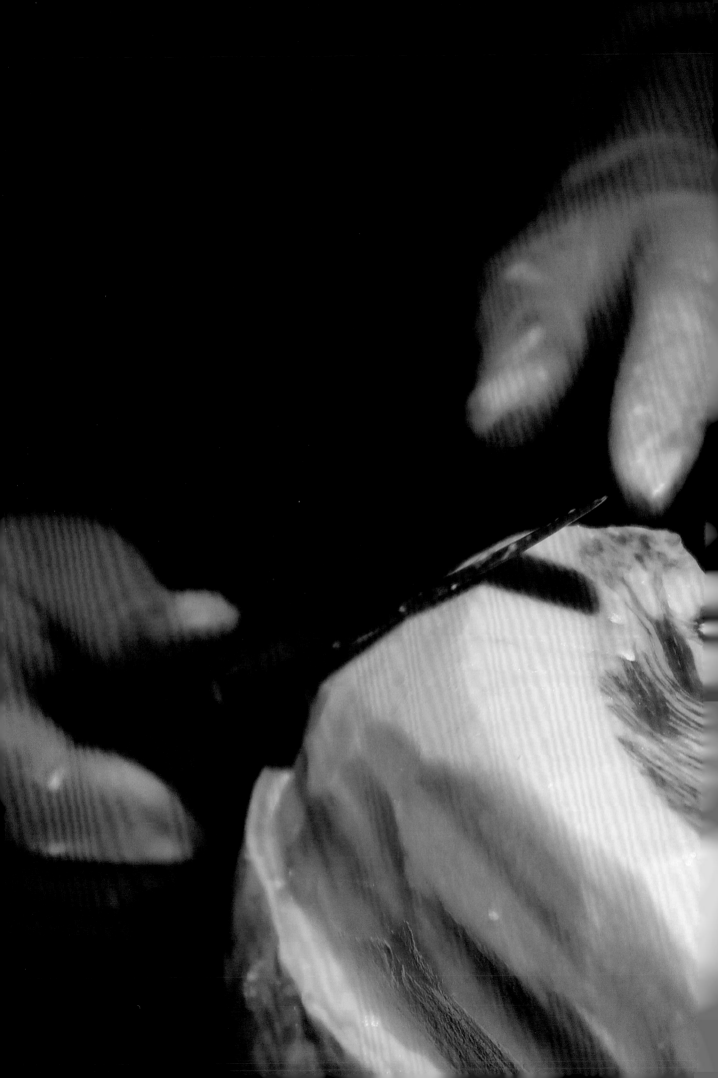

第四章

西班牙
火腿的加工

西班牙火腿的制作工艺同世界上大多数火腿的制作工艺都很相似，都是要先入盐，如同我们的祖先保存食物的方式，只是现如今为了健康和美味，要控制盐分、添加剂的使用量等。

白猪火腿和伊比利亚火腿因为猪脂肪含量的差异，直接影响了熟成时间的长短。伊比利亚猪体脂含量是白猪的 3 倍左右，高体脂能够经受长时间的熟成，带来风味上的提升。

西班牙火腿的制作

白猪火腿的制作

猪被屠宰后需要先放血，根据腿的位置和重量分批加工。

第一步，入盐。通常选用大颗粒的海盐，避免盐分过高。火腿按大小统一摆放，一层生猪腿一层盐，火腿要交叉摆放整齐，通常 1kg 的生猪腿要在盐里腌一天的时间，这一过程中温度要控制在 1~5℃，湿度为 90%。

第二步，平衡盐分。当完成上一步后要进入冷藏室，火腿经过上一个环节，盐分只是停留在表面，并且盐分分布不均匀，因此，第二个过程中要平衡盐分。火腿要悬挂在冷藏室内，持续 50~90 天，这一过程最主要是平衡盐分和脱水。这一过程中温度是变化的，初始温度在 5℃左右，随着水分流失，逐渐提高到 16~20℃。

第三步，风干。白猪火腿通常是在人工的风干室中完成这一环节，而伊比利亚火腿多是在天然的风干室中。人工风干可以调节温度，加速火腿的熟成，这一过程在 15~20℃，持续 6~9 个月。

第四步，窖藏。这一过程不是固定的，有些高品质的白猪火腿，例如特鲁埃尔，在天然的环境中可能需要 1 年多甚至 2 年的熟成时间。但是，多数白猪火腿，尤其是后腿经历 7 个月的窖藏就可以销售了，这种制作通常会人工催熟增加温度，风味也会大打折扣。火腿窖一般温度在 15~25℃，相对湿度在 40%~65%，和人体舒适的温湿度很接近。

伊比利亚火腿的制作

根据等级不同，伊比利亚火腿制作的开始时间也会不同。

橡果火腿因为牵扯到橡果季的时间（在每年 9 月底到次年 2 月，并且最少食用 2 个月以上的橡果），因此橡果火腿制作时间通常在每一年 12 月中旬到次年 3 月底前制作。

如果是绿标放养的火腿通常在橡果季快要结束也就是 3 月底到 8 月制作，有些食用橡果不达标的伊比利亚猪会制作成绿标，还有一些只是放在橡果林地散养食用一些花草的伊比利亚猪也会制作成绿标，因此绿标是一个品质比较跳跃的等级，有些可能食用了橡果，但是增重或者时间不达标也会被定义为绿标，但是品质可能十分接近橡果火腿。

大多数白标等级的火腿通常是下半年到年末屠宰制作，因为工厂在年初制作橡果火腿，年中制作绿标火腿，到了年末才会有时间来制作白标火腿。

伊比利亚猪屠宰后，根据腿的位置和重量分批加工。

第一步，屠宰削皮，削皮是指去除火腿表面皮层露出脂肪（图 4-1），通常会切成 V 字形状或半圆形状（图 4-2），去皮的作用是方便腌制，并且有利于水分流出，有些厂家会同时使用机器来塑型（图 4-3），同时也可以压缩火腿的缝隙，让火腿看起来更圆润。修整压制后的火腿更加圆润饱满（图 4-4）。绝大多数的火腿制作都是通过这个方法。也存在一些品牌制作不去皮的火腿，例如 Maldonado 的 ARCANO（图 4-5）

图 4-1 常规去除表皮的新鲜猪后腿

图 4-2　切 V 字形状

图 4-3　火腿的机器塑型

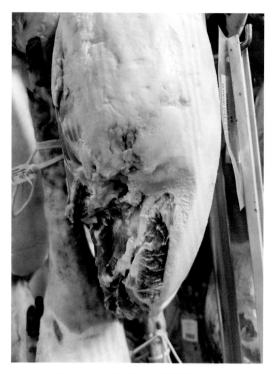

图 4-4　修整压制后圆润饱满的火腿

图 4-5　ARCANO 系列不去皮

系列就是不去皮，好处是可以保留更多脂肪，缺点是制作周期长，另外因为它会保留大量的脂肪，很多消费者并不一定会认可。

第二步，入盐。根据火腿大小统一摆放，一层生猪腿一层盐，火腿要交叉摆放整齐（图4-6），通常1kg的生猪腿要在盐里腌一天的时间，这一过程中温度要控制在1~5℃，湿度90%。选用的都是大颗粒海盐，避免盐分过高，火腿入盐要测pH值，通常在5.2~5.7，pH值越高，入盐时间越短。该过程中如果pH处理不好容易造成火腿发酸。入盐过程中会调整一次，将最上层放到最下层，从而进一步保证入盐的均匀。这一过程起到脱水的作用，也是火腿调味的基础环节。

第三步，清洗。传统工艺是将火腿放入温水桶里，用硬刷子刷掉表面盐分，如今人们可以用机器清洗表面的大颗粒盐分后，简单晾干。

第四步，平衡盐分。在这一步开始之前会使用伊比利亚猪油封住髋骨这一部位（图4-7），目的是防止空气进入而造成火腿内部腐败。这一步主要是平衡盐分和脱水，伊比利亚火腿脱水时间为6~9个月，初始温度在2~6℃，后期在12℃，火腿整体脱水重量为原始重量的33%左右。这一过程要比白猪火腿更长，温度也更低一些（图4-8）。

第五步，窖藏或风干。所谓的窖藏也可以理解为风干，就是放入火腿窖中使水分减少同时熟成，西班牙通常称火腿窖为风干室或风干房。在西班牙并不是所有的地区都适合制作火腿，伊比利亚法定产区不过4个。西班牙南北差异也很大，南部产区风干环节多在地下，北部产区多在楼

图4-6　平铺入盐

图4-7　伊比利亚猪油封住髋骨

图 4-8　这时候火腿含水量高，颜色也浅

上，因为气候不同导致这种差异。这一过程中微生物也起到了非常大的作用，每一家风味不同也是因为受到微生物的影响，每一家风味传承，除了严格养殖和加工工艺，微生物也会起到非常重要的作用。我们看到火腿表面的霉菌以白色和绿色为主，通常是青霉菌、曲霉属菌和木霉菌。

　　火腿师会观察霉菌数量和颜色来了解火腿的状态。同时火腿窖藏熟成也受温度湿度影响，火腿窖冬季在 10~14℃，夏季在 16~20℃。温度的变化会直接影响火腿的风味，特别是夏季高温会让火腿油脂轻微融化，晚上又会凝固，熟成就会加快；冬季天冷，熟成会变得缓慢，经过 2~4 年的四季变化，当火腿达到最佳熟成状态时就是出窖之日（图 4-9）。

图 4-9　颜色已经开始变黄，微生物增加

　　白猪火腿和伊比利亚火腿的制作工艺差异并不大，甚至中国国内制作的一些熟成火腿也是采用类似的工艺。火腿制作最重要的是原材料，其次就是自然环境、微生物等影响最终火腿呈现的品质。

西班牙火腿的熟成时间

　　这几年国内很多卖火腿的商家并不懂火腿，但是张口就爱说 36 个月、48 个月的火腿，给消费者也带来了很大的认识误区，这种聊天就像聊红酒张口就是 82 年的拉菲！时间固然重要，但是时间只是其中一个重要环节，并不能代表所有。

　　影响火腿熟成的因素有很多种，猪的品种、猪的食物、脂肪的厚度、火腿的大小、火腿产区、含盐量、蛋白质的水解程度以及 pH 值等因素，都会影响火腿的制作时间。甚至有些品牌因为卖不动不得不延长窖藏时间，这并不代表时间越长品质就会越好，很多已经过了火腿最佳食用的状态，已经是过度氧化，会增加很多不好的风味。当然也有一些品牌卖的太好，或者说为了更多经济效益，火腿熟成时间不够就拿去销售了，这时候含水量高，重量更大，从而导致总价高，如果遇到这样的火腿最好放一放再食用会更好，当然这种仅限于商家，对于消费者来说最好是换货。

　　西班牙对于火腿制作时间的规定只有最低，也就是下限，比如伊比利亚火腿的制作。

　　伊比利亚火腿后腿：

　　伊比利亚火腿后腿 <7kg，最少 200 天（20 个月）。

　　伊比利亚火腿后腿 ≥7kg，最少 730 天（24 个月）。

　　伊比利亚火腿前腿：

　　伊比利亚火腿前腿最少 365 天（12 个月）。

　　伊比利亚火腿的熟成时间相对白猪火腿可以说是长了一倍，虽然伊比利亚火腿并没有那么多分类，但是，实际上橡果伊比利亚火腿几乎都不会低于 30 个月，普遍在 36~48 个月。

火腿的脂肪

熟成白猪火腿外侧脂肪最厚的部位也不过 2~3mm，而熟成的伊比利亚火腿的脂肪厚度即便经过四五年还是有 2~3cm。白猪火腿熟成时间短，伊比利亚火腿熟成时间长，熟成时间越久理论上丢失的脂肪水分会更多。但是，我们可以很明显地看出，伊比利亚橡果火腿脂肪更为油润。

通常我们吃的白猪，体脂含量是 15%~20%。但是，伊比利亚猪通常的脂肪含量在50% 左右，是白猪体脂含量的 3~4 倍，香味的秘密就在脂肪里面，没有脂肪都是空谈！

伊比利亚猪的食物

伊比利亚猪的食物主要分为两大类：一类是谷物；另一类是橡果。但是，食用橡果的猪也是屠宰前 2~3 个月内在橡果林食用橡果和花草，在此之前也是食用谷物。谷物也分很多种，有的是谷物加工制成的饲料，也有直接喂食谷物，例如，大麦、小麦、玉米、大豆、豌豆（图 4-10）等。食用不同的食物也会最终影响伊比利亚猪肉脂肪的风味，这也是伊比利亚火腿即便是同一个等级风味也有很大差异的重要原因。

图 4-10　Dehesa Maladúa 喂食伊比利亚的干豌豆

伊比利亚谷饲火腿：由于本身体格大脂肪含量高，能够在漫长熟成过程中保持水分，因此需要更长的熟成时间。所以，通常谷饲火腿熟成时间在 24~36 个月。

伊比利亚橡果火腿：食用了橡果的猪，体内脂肪中含有大量不饱和脂肪酸，不饱和脂肪对人体心脑血管有好处，很重要的一点就是抗氧化，使得橡果火腿需要更长的熟成时间。

盐

盐分同样会影响到西班牙火腿的制作时间，盐分含量高会加速火腿熟成，我们食用的西班牙火腿，通常较咸的西班牙火腿食用起来也会更干一些，熟成时间也会比含盐量更低的火腿时间更短。

盐在火腿制作过程中起到了非常重要的作用，人们最早选择腌制火腿是因为盐有利于抑制火腿上的不好微生物，避免火腿的腐败，同时又给食物带来更饱满的风味，增加火腿的鲜味。

制作火腿通常选用直径 6~8mm 的大颗粒粗糙的海盐。我们如今食用的西班牙火腿和 20 世纪 80 年代的火腿有很大的不同，那时候人们制作的火腿含盐量超过 4.5%。由于西班牙卫生局建议限制盐分的摄入，火腿含盐量从 1990 年的平均 5.5%~6% 到目前的 3.5%~4%，下降程度超过 30%。火腿腌制时间也从生火腿每千克 1.5 天降低到每千克 1 天。

同样降低盐分也会影响到火腿品质的稳定，盐分过低会导致火腿难以熟成，造成火腿偏软的情况出现。并且由于每条火腿脂肪分布和脂肪流动性有关，即便是相同重量，腌制相同时间，火腿最后咸度和风味也会有很大不同。如今火腿的含盐量已经是处在历史最低的水平。我国居民膳食指南推荐一个人一天盐的摄入量是 6g，如果每天食用 50g 火腿盐分也只有 1.5g，并不会对身体造成盐分过高的负担。

火腿的大小

火腿的大小同样影响火腿的制作时间，这一点很好理解，一条火腿后腿小到 5.75kg，大到 12kg，越大的火腿就需要越长的时间熟成。一个批次制作的橡果火腿后腿，7kg 以下通常 3 年甚至 3 年不到就可以做到熟成，但是 10kg 的橡果火腿即便是 5 年可能都会有点偏生。所以，如果追求时间，就选择更大的火腿。

前腿通常都是 2.5~7kg，多数在 5.5~6kg，所以前腿熟成时间一般都是 1~2 年，很少有前腿达到 3 年的。

虽然火腿的熟成时间是非常重要的考量因素，但是，绝对不应该把它作为购买火腿最重要的指标。火腿在出厂时，通常处在刚刚到达或者将要到达最佳食用状态的阶段。也有火腿由于滞销，导致窖藏时间很长，这种火腿反而要特别注意，容易过度氧化，影响品质。因此不要一味追求时间。

火腿的产区

西班牙伊比利亚火腿有 4 个法定产区。每个产区所在纬度、气候、海拔都不同。火腿的熟成除了有益菌和盐的参与，湿度和温度都会影响火腿熟成周期。西班牙在北半球，因此北部冷，南部热，通常北部产区火腿熟成周期更长。北部产区多为楼房，而南部产区则会有很多地下室。受温度原因影响通常南部产区火腿相对制作周期会更短。

另外，有些非法定产区的火腿，或者有些大的品牌为了提高产量，会使用人为的风干室。通过提高温度加速火腿熟成，这样熟成的火腿，风味会逊色不少。

火腿真的是熟成时间越久越好吗？答案是否定的，因为火腿和红酒一样，都有最佳饮（食）用期，过犹不及。火腿的最佳食用期，可以根据存储情况，维持半年到 2~3 年。商家进货后，将火腿摆放在店里，在常温情况下，火腿还是会继续熟成氧化，流失水分和脂肪，8kg 重的火腿，几个月后很有可能剩下 7~7.5kg。如果抽真空冷藏，保存 2~3 年也可以是不错的状态。

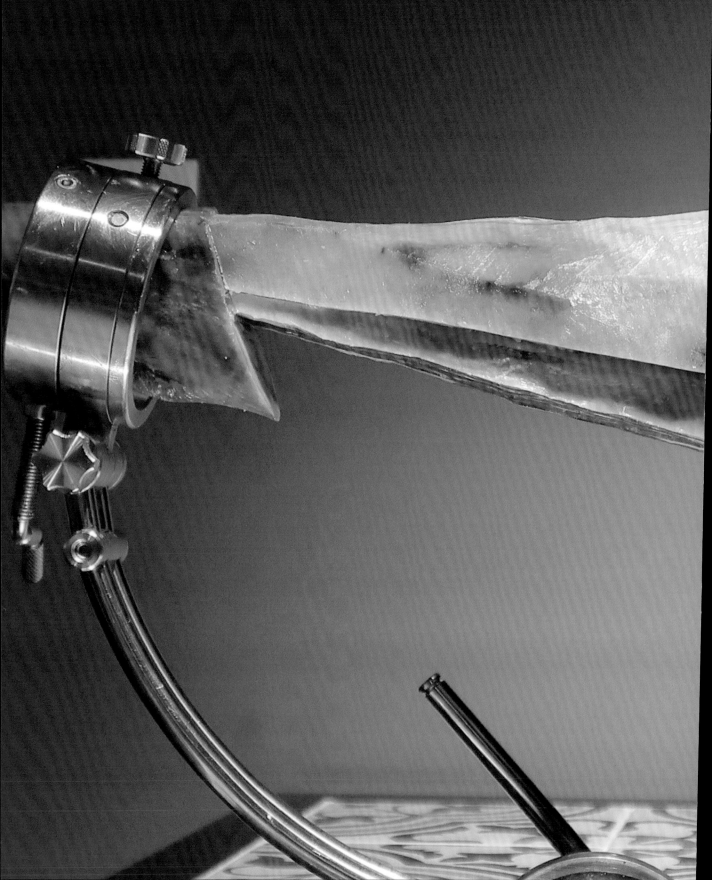

第五章

西班牙

火腿的切割

火腿的部位

　　一条火腿通常可以分成 4 个部位（图 5-1）：腿后部（Maza）、臀部（Punta）、腿前部（Babilla）和小腿肚（Jarrete）。有时候会多一个部位叫作 Caña，就是脚踝，肉很少，通常都不做切割，因此经常会忽略这个部位。火腿的部位不同，肉质、切割后的形状都会有比较明显的差异。这也是很多消费者购买火腿切片时产生的疑问，为什么同一个品牌的火腿，有时候油润一些，有时候偏干，有时候筋比较多，这主要是部位的原因。

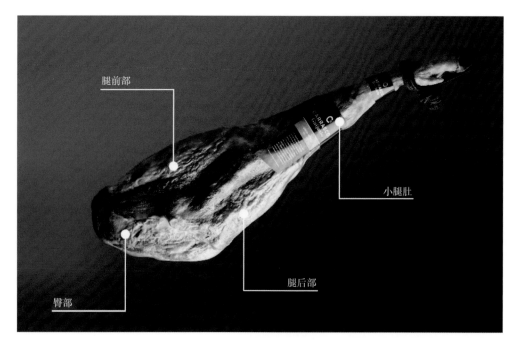

图 5-1　火腿的 4 个部位

　　腿后部：把火腿固定在火腿架上，如果猪蹄朝上，展示在我们面前的就是腿后部，通常都是从这个部位开始切割火腿的。这一块肉占比最高。腿后部是整个火腿部位中最宽的，这个部位对于新手火腿切割师来说是最容易切割，也是摆盘最好看的部位。因为肌肉里渗透了大量脂肪，所以，非常美味多汁。

腿前部：这个部位在腿后部的对面，相对腿后部窄很多。脂肪较少，口感相对偏干，味道却很浓郁。建议这个部位在切开后，要用脂肪包裹，避免变干。

小腿肚：这个部位是靠近脚踝的部位，也是火腿入刀的地方，筋最多，比较有嚼劲。由于有皮包裹，这个部位非常美味多汁，适合切小片或丁，作为下酒菜。

臀部：这个部位更靠近猪躯干，属于猪胯部的部位。火腿悬挂风干时，该部位在最下面，油脂会从上往下流淌，因此，这个部位更为油润。这个部位包围着髋骨，切出来多是弧形。

切割过程

切割所需工具

切割火腿之前，首先要准备切割火腿所需要的工具，俗话说"工欲善其事，必先利其器"，切火腿的工具对于火腿的切割至关重要。每个人对于刀具的选择都会有自己的看法，就如同中餐师傅喜欢用一把刀做大多数事情，而西餐师傅却根据工作内容来选择刀。

首先要选择一个火腿架，根据火腿类型分为带骨火腿架和去骨火腿架（图 5-2），顾名思义一种是切割带骨火腿的，另一种是切割去骨火腿的，去骨火腿通常是用机器切割。在 2019 年以前中国不允许带骨火腿入关，因此，很多餐厅使用去骨火腿架。目前，还有一些国家只允许进口去骨火腿，例如，澳大利亚。去骨火腿架是特定条件下的产物，在西班牙几乎见不到，而且，去骨火腿架容易造成火腿的很大损耗，因此，正在逐渐被淘汰。

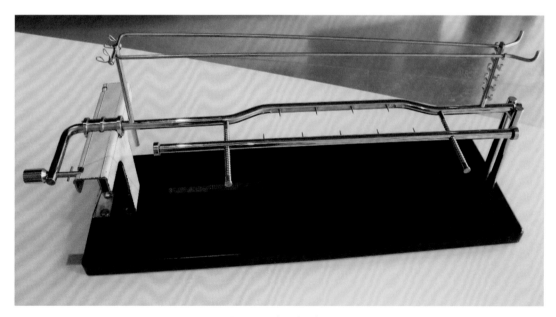

图 5-2　去骨火腿架

带骨火腿架有很多选择，少则100多元（图5-3），多则上万元，例如，Afinox（图5-4）的火腿架就可以卖到上万元。专业的火腿架主要是提供4个功能：

图 5-3　木制带骨火腿架

图 5-4　Afinox 火腿架

（1）卡住脚踝：火腿放在架子上，脚踝需要卡住，无论什么样的火腿架，这个部位都会带有较粗的针和可以拧紧的螺丝，主要目的就是将脚踝卡住，避免晃动。

（2）支撑部位：切割火腿通常先从腿后部开始，脚踝固定好之后，腿前部就要放在火腿架的另一边卡住，避免左右晃动。我们切割完腿后部之后，还要将火腿水平旋转180°，将火腿的髋骨卡在这里，来切割腿前部，好的火腿架可以卡得十分稳固。

（3）避免晃动：火腿真正开始切割的时候，高品质火腿架的体验和普通火腿架有非常明显的区别。好的火腿架底盘重，更稳固，一般的火腿架在3~6kg，Afinox火腿架可以达到11kg甚至更重，即便它的重心偏高，在切割火腿的过程中也无须担心火腿会晃动。如果火腿架很轻，比如2~3kg重，火腿本身通常8kg甚至更重，很容易导致火腿晃动，增加火腿切割的难度。此外，有的火腿偏干，切割起来要更用力，火腿架过轻会导致火腿架在桌子上移动，带来安全隐患。

（4）美观和专业性：一个专业的火腿切割师出席活动，带一个美观、专业的火腿架和带一个普通木制火腿架的活动效果是不一样的。

好的火腿架还有些辅助功能，例如，调节高度；水平旋转不需要将火腿拿下来，还有些辅助配件可以让火腿实现旋转360°，方便你找到最适合自己的角度。

切割火腿需要3种刀：

（1）用于分离骨肉的水果刀。优先选择半月弧度的水果刀，这是西餐厨师常用的水果刀，长度通常在7cm左右（图5-5）。

图5-5　Arcos水果刀

（2）清洁用刀。我们可以用较硬的剔骨刀（图5-6），也可以用西式切肉刀或者干脆用主厨刀，清洁用刀主要用于清洁表面大块脂肪和内侧较硬的肉。

图 5-6　Arcos 剔骨刀

（3）火腿切片刀。火腿切片刀（图 5-7）通常刀刃长度在 25~30cm，刀面窄，通常 2cm 左右，厚度 1.5mm 左右，质地非常有韧性，弯曲可达 90°。火腿切片刀的选择要根据火腿切割师的个人喜好，价格 5 到 150 欧元不等，有非常多的选择，并不一定贵就一定好，但是太便宜的刀肯定会存在一些问题。可以根据刀刃长度、刀把材质、刀面宽度和刀本身重量等要素进行选择；对于工作量很大的火腿切割师，建议选择轻的火腿刀，减轻长期工作带来的疲惫。更重要的是要保持刀的锋利，火腿刀本身韧性强，硬度较低，需要经常磨刀来保持锋利。对于专业火腿切割师，通常要准备两把甚至更多的火腿刀。

图 5-7　Aarcos 火腿刀

磨刀棒也是必备工具，主要用于解决火腿切割过程中刀逐渐变钝的情形，但是，真正能将刀磨得锋利还是磨刀石。磨刀这个技能也是火腿切割师必备的，如果刀磨不好，切割工作的难度会大大增加，会更费时费力。

镊子或火腿夹。一般使用不锈钢材质的镊子或夹子比直接用手更卫生，同时也更体现切割师的专业性。这类工具通常有 3 种类型，第一种是常规镊子（图 5-8），西餐师傅常用这种镊子进行摆盘，操作也最简单。第二种是火腿镊子（图 5-9），这种是火腿架子自带的一个弹簧，夹子本身处于打开状态，要施加一定压力来操作，用久了会比较累。第三种火腿镊子（图 5-10）需用大拇指和食指来操作，由于镊子上环的大小固定，所以操作这种镊子的舒适程度因人而异。镊子的选择的可以根据自身喜好来选择。如果单纯加工可以考虑戴手套来操作，更为轻松自在。

图 5-8　常规镊子

图 5-9　火腿镊子

图 5-10　5J 火腿镊子

带骨后腿切割

对于切割火腿，我们首先要明确什么样的切割是好的。西班牙有句俗语："即使是不好的火腿，切得够薄也是好吃的。"这句俗语只是想强调切割的重要性，无须为了薄而薄，火腿毕竟是食物，合适的厚度既可以保证入口即化，也会保留应该有的咀嚼快感。通常手切火腿片的大小会控制在一张银行卡的大小范围内，厚度在1mm左右，直观感觉为半透明状，火腿片可以粘在火腿刀上，举刀不落，下面会介绍一种常规的火腿切割方法。

如何判断一个火腿切割师的水平，最简单的方法就是看切割火腿的面平整与否。优秀的火腿切割师在切割火腿的时候，整个火腿横切面是水平的，火腿切割面不留任何刀痕。如果你看到一个火腿切割师即便切得薄且匀整，但是横切面有非常多的刀痕，仍然有失专业水准。

火腿切割我们既可以先从腿后部这一面开始切，也可以从腿前部这一面开始切，选择从哪一侧开始切有很多因素，如果是一次性切完其实从哪一面切都无关紧要。但是如果为了呈现最好的一面自然是从腿后部这个含肉量最大的部位开始为佳。如果我们是打算把整只火腿放在家里长期食用，或者第一次开始我们不需要切很多，反倒是建议从腿前部这一部位开始，首先是这一部位肉相对较少，脂肪含量较低，风味的变化不会很大，从这一面开始也有有利于减少损耗。另外就是火腿腿后部在正常室温环境下还会继续熟成，风味还会有所变化。

大多数情况，无论是活动展示，还是一次性全部切开，我们通常会从腿后部开始，因此，我们下面关于切割教学也会从腿后部这一部位开始（图5-11～图5-13）。

图 5-11　切割面明显锯齿

图 5-12　切割面轻微锯齿状

图 5-13　切割面光滑

　　先切腿后部的时候，我们只需要将猪蹄朝上，将脚踝部位固定在火腿架上，通过调节螺丝卡住火腿，将火腿摆正。火腿的摆正不是以脚踝或脚掌的摆正为准，而是以腿后部的顶端来确认火腿的摆放。因为火腿制作做过程中重力的影响，脚踝或脚掌会变形，因此不作为火腿摆正的参考标准。

　　在开始切割火腿时，首先要清洁表面，将氧化的脂肪清理干净，内侧表面干燥的部位也应当清理干净。火腿表面清洁分两种，一种是一次性全面清洁，通常用于需当天切完的火腿。这种清洁可以在火腿架上操作，也可以一只手握住脚踝，用另一只手持刀清洁，之后再将火腿固定到火腿架上。

对于个人消费者和餐厅消费，应当根据每日需求情况逐渐清理表皮，为了方便火腿的保存，建议保留切割下来的大片脂肪，切后覆盖在火腿表面，起到抗氧化和保湿的作用。通常切下来的脂肪，使用时间不要超过一个星期，之后可以选择笼布或其他干净的布覆盖在火腿表面，如果表面过干可以少量涂抹油脂保持油润度，橄榄油最佳，如果不喜欢橄榄油味道可以选择葵花籽油。

火腿的清洁程度可以根据客人的需求来调整，通常脂肪肥肉三七开是理想比例，脂肪黄色部分要剔除，粉色和白色的脂肪都是可以保留食用的。火腿内侧脂肪少，整体偏干，清洁程度要以吃起来会不会影响口感为标准。有很多人觉得脂肪不好都去掉，这个实在是太浪费了，如果不喜欢直接食用脂肪，可以用于蒸米饭，或者炒菜使用也是非常好的选择。

应当在猪的跃骨部位向后两指宽度下刀，斜 45° 切入（图 5-14）到不能切为止。再用水果刀在火腿上割出来两条线，切入半厘米厚度即可，之后可以根据火腿实际情况做出一定调整。划线的高度可以根据食用情况来调整，食用得多可以切得靠下一些，食用得少就靠上些，没有固定要求。

图 5-14　斜 45° 切入

使用肉刀或剔骨刀来清洁划线上面表皮的脂肪，新手下刀可以轻一些，可多次清洁（图 5-15），避免一刀下去切到火腿肉造成不必要的浪费，原则上外侧脂肪只需要去掉黄色部分即可，但是有时候火腿过于肥，也可以适当去掉一些白色脂肪。用火腿刀将表面修得平整光滑，之后切的片也会更为美观。火腿内侧脂肪含量少，应当清洁表面氧化部分，

图 5-15　一片片切下来

在清洁内侧时，会遇到突出的髋骨，建议将这个部位清洁干净（图 5-16）。内侧在熟成时会涂抹脂肪，在熟成过程中逐渐变干氧化掉渣，因此一定要清洁干净。

图 5-16　内侧清洁

一旦我们清洁好表面（图 5-17）就可以开始切割火腿了。切割火腿的方法主要有两种：一种是平行切法，即火腿刀和火腿成接近垂直的角度；另一种是斜切法，即火腿刀和火腿大致成 45° 角。前者切出来的火腿片是方正的，后者切出来的火腿片是菱形的，专业的火腿切割师会根据想要呈现的摆盘效果来选择切法。

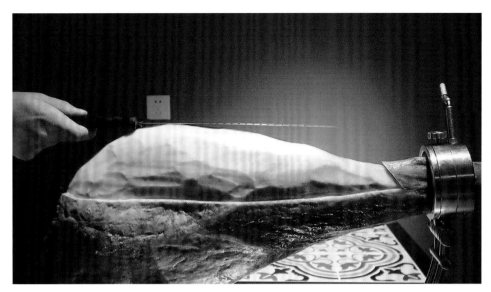

图 5-17　清洁完成

　　火腿在切割的过程中要尽量保持整个火腿切面的水平美观，切割火腿时不能左右拉扯，下拉时刀与火腿肉接触，回刀时并不接触肉，这样切出来的火腿表面才会更为平整，不会出现锯齿状刀痕。整个过程其实非常轻盈，像在拉小提琴（图 5-18）。

图 5-18　火腿切割

　　切一片火腿大约可以拆分成 5 个步骤：

　　（1）第一步是入刀，入刀时要轻微地滑动将刀切入火腿，一个好的切入点是切好一片火腿的基础。

　　（2）第二步是滑动刀，从刀刃的尾部拉到靠近刀的头部，但是，刀头仍然露在外面。这个过程并不需要很大的力气，而是通过拉动刀与火腿接触进行切割。火腿两侧脂肪含量不同，火腿内侧偏硬，外侧偏软，如果控制不好力道，刀会偏向偏软的一侧，这个过程需要时间练习逐渐体会。

（3）回刀不切到火腿，这一过程是回拉刀，回拉的过程中不可以切到火腿，否则容易生成齿痕，很多人以为切割火腿是来回拉扯，其实只有下拉是切火腿，回刀并没有再切，只是调整刀的位置方便继续切。

（4）重复第二步下拉过程，基本上2~3次下拉的过程就可以切好一片火腿。

（5）最后一步是收刀，稍微用力一些，将火腿片与火腿分离，这一步也要尽量平稳，不要猛地改变角度，避免造成切痕。

火腿切片时保留多少脂肪是切割师必须考虑的问题。如果是伊比利亚火腿特别是伊比利亚橡果火腿，建议尽量保留脂肪，无论是从美味角度还是对人体健康更有益的角度来看。如果是在市场上售卖或是在餐厅里给客人上菜，建议后腿保留20%~30%的脂肪量，如果是白猪后腿，实际上脂肪可能连5%都很难呈现出来。如果切的是伊比利亚火腿，建议不同部位的切片都搭配一些。

在切割火腿的过程中，我们可以把火腿刀笔直地放在正在切割的火腿表面，来确定其是否平整。

在不断向下切割的过程中，很快会遇到一块骨头——髋骨（图5-19），刚刚遇到的时候还是可以继续切，让它露出来的更明显（图5-20）。此时我们只需要拿出小水果刀沿着骨头将肉和骨头分离开来即可（图5-21）。不要一次性全部分开，分离1cm左右的深度即可，骨肉分离是为了火腿切片能够顺利离开火腿；如果将肉和骨头完全分离，会影响火腿的稳固性，增加切割的难度。

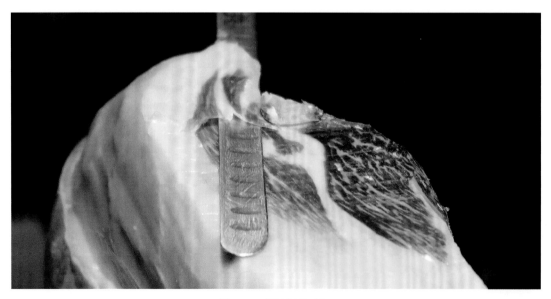

图5-19　遇到胯骨头部

图 5-20　胯骨逐渐露出

图 5-21　用小水果刀分离骨肉

　　位于火腿后侧的臀部位置（图 5-22），要沿着髋骨来切，这个部位随着不断向下切割，会变得越来越大，可以将其切成两段（图 5-23）。在这个过程中，可以用手按住或者用夹子顶住突出的髋骨，避免火腿晃动。

图 5-22　切火腿的臀部位置

图 5-23　分成两段

　　当我们不断向下切割的时候，髋骨内侧通常需要切掉（图 5-24）。因为在检测火腿时，会用骨针插入其中，通过闻骨针带出的气味来确定火腿的状态，针孔带入的空气会导致靠近骨头的部位氧化。如果发现颜色或者味道有变，就要去除，去掉多少要根据火腿自身情况做调整。

图 5-24　切掉髋骨内侧

　　再继续向下切，会遇到位于小腿肚部位的腓骨，还是遇到骨头就用小刀沿着骨头将其和肉分离（图 5-25）。然后继续向下切，当遇到股骨也就是腿上最大的骨头时，腿后部这一面的切割就暂时到此为止了（图 5-26）。

图 5-25　分离骨肉

图 5-26　腿后部部位切到这里可以停止

　　我们可以旋转火腿 180° 将髋骨卡在火腿架上，开始清理火腿的腿前部和臀部，清洁火腿内侧氧化的肌肉和外侧的表面氧化脂肪。首先清理内侧氧化的肌肉（图 5-27），这一部位制作时候会涂抹猪油做保护，时间久了脂肪氧化后容易干的掉渣，一定要清洁干净，避免污染其他部位造成不好的风味。内侧在制作过程中没有火腿自身的脂肪做保护容易造成火腿的异味和过硬，应根据火腿实际情况来清洁，去掉多少应当以没有异味和没有过干的肉为原则。

图 5-27　清理内侧氧化的肌肉

清洁好内侧后可以清洁火腿的外侧（图 5-28），也就是有厚厚脂肪保护的一侧，这一侧清洁主要是去除因为氧化而变黄的自身脂肪，如果脂肪颜色是很浅的黄色、白色或粉色则可以根据喜好保留。但是，不建议将脂肪去除的过多，因为腿前部这个部位整体偏瘦，因此更建议保留尽可能多的油脂部分来增加风味（图 5-29、图 5-30）。

图 5-28　清理火腿外侧氧化的脂肪

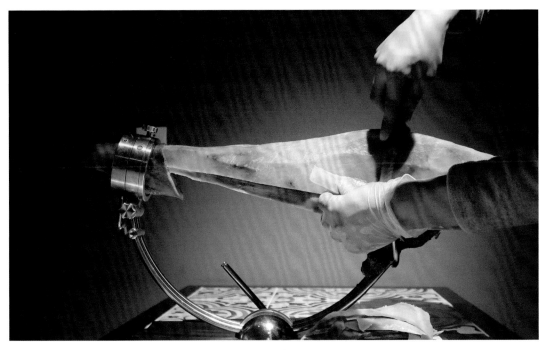

图 5-29　清理脂肪

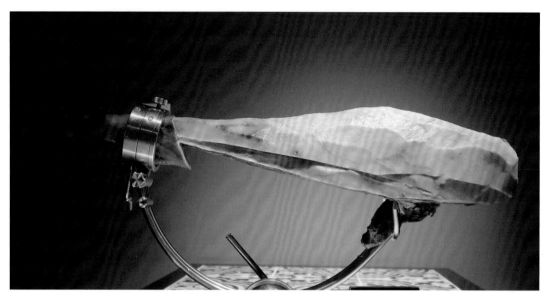

图 5-30　火腿外表面保留部分脂肪

　　外侧的修整用火腿刀效果会更好。火腿的清洁和修整越光滑平整越好，这样切出来的火腿片的大小会更规则和均匀。

　　当切割再次靠近髋骨时，要用小刀将髋骨和肉分开（图 5-31），方便继续向下切，仍旧不需要一次性完全分开，可以分几次来操作。

图 5-31　将髋骨和肉分开

　　腿前部在切割时，不会是一个平面，反而是一个有弧度的曲面，因为火腿这一部位厚、有骨头，我们要逐渐切成大约 135° 的样子（图 5-32）。

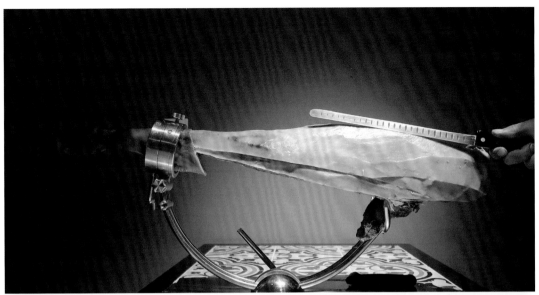

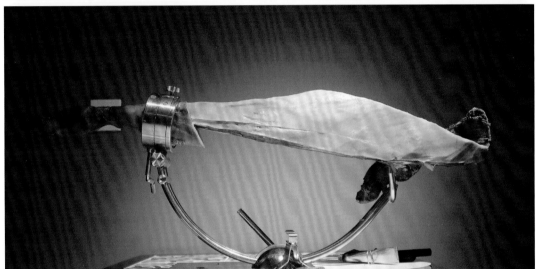

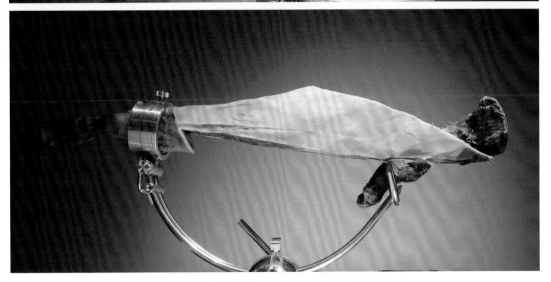

图 5-32　切割成有弧度的曲面

切割靠近髋骨部位的火腿时，要学会反手拿刀，这样不会切到骨头，这一过程需要多练习。

当火腿膝盖部位切的差不多了，我们会遇到膝盖骨，用小刀沿着膝盖骨下一刀，将骨头和肉分开，再从另外一侧下一刀就可以将这块膝盖骨剔除，连接处都是软骨，剔除的难度并不大（图5-33~图5-36）。

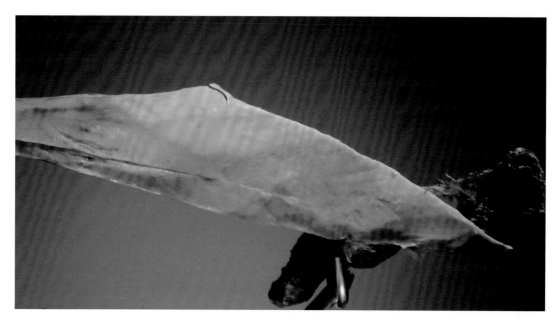

图5-33　沿膝盖骨下刀

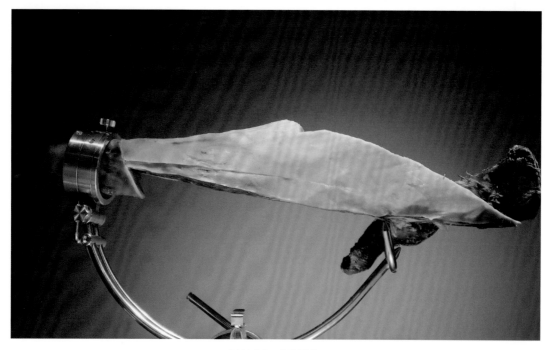

图5-34　分离骨肉

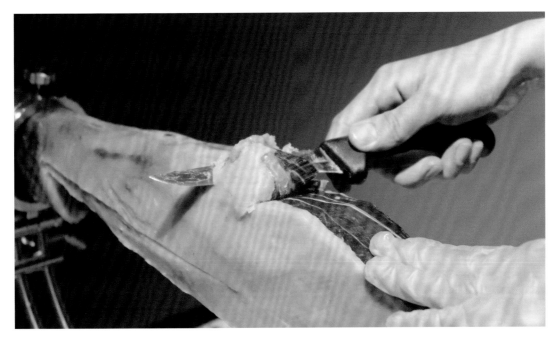

图 5-35　从膝盖骨另一侧下刀

图 5-36　剔除膝盖骨

膝盖骨去掉后我们可以继续切割，逐渐把这一面切得平整。在切的过程中可以逐渐将髋骨和肉分离，火腿只要是靠近骨头的部位都要进行，因为靠近骨头的部位比其他部位容易造成污染产生异味（图5-37、图5-38）。

图 5-37　继续切割至露出髋骨

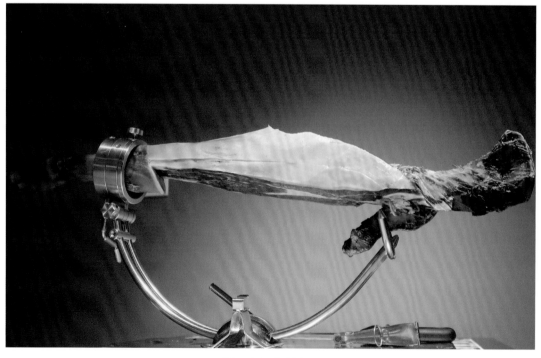

图 5-38　分离髋骨

火腿切到图5-39就要停止，因为切太多容易导致骨头缺乏固定，造成火腿的不稳定，不利于后续的切割。很多时候火腿切到这一步就会停止切片，把剩余的肉全部剔下来然后切成火腿丁。但是对于专业切腿师来说这样做是有失水准的，应当尽可能多切一些火腿肉下来，从而增加火腿的出肉率，毕竟从市场角度，切成片的火腿价格要远高于火腿丁的价格。

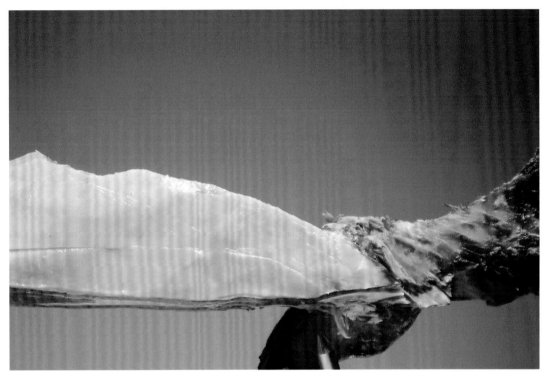

图 5-39　暂停切割

可以将火腿旋转90°，继续切片（图5-40）。之前切的不要过多就是为了保证这一步切的时候火腿有足够的宽度。这一部位在骨头的侧边，因此通常都带有筋且油脂含量不高。

当侧面主要的肉都已经切下来后，剩下残留在火腿上的肉可以用小的水果刀或剔骨刀将其剔下来。其中靠近脚踝这一部位可以切丁食用，也可以用于制作一些西班牙菜。通常一条腿切来的火腿丁，也就是切不成片的质量在300g上下。

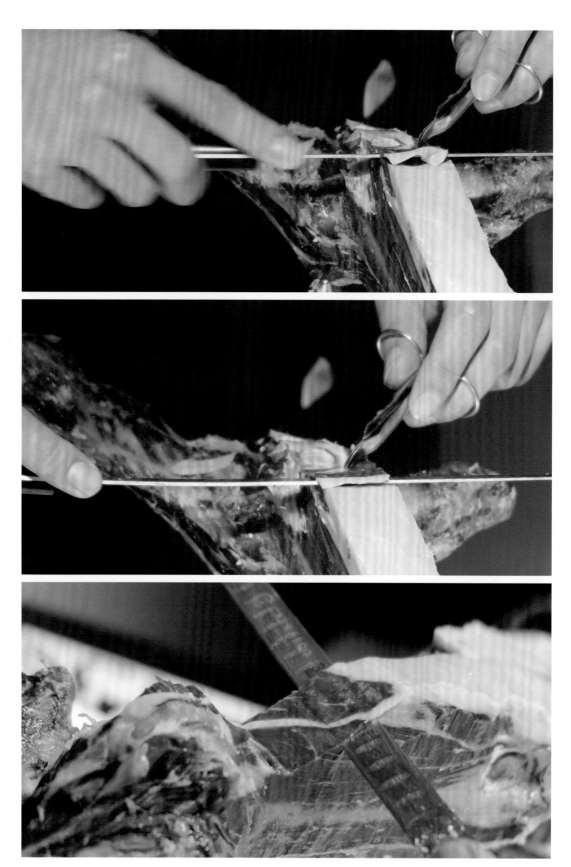

图 5-40　继续切片

去骨后腿机切

去骨火腿建议用机器来切，可以很好地提高出肉率，另外，火腿本身脂肪含量较高，去骨过程会使得肉质偏散。可以简单修整后腿，去掉一些氧化的脂肪，之后将火腿分成几块，下面介绍机切火腿。

沿着纹路，将腿后部、腿前部、臀部和小腿肚分开。因为腿后部和腿前部比较大所以可以多拆分成几部分（图 5-41）。

图 5-41　去骨后腿分切整条示意图

分割完成后，先将火腿放入冰箱冷藏一晚，或者冷冻 2h 左右再切，避免切的时候切割机摩擦升温，油脂融化导致切不成形。简单冷冻后再切的损耗会降低很多，因为火腿常温状态是很软的，直接切割会增加非常多的损耗，并且很难成形。脚踝部位可以切成很小的片，也可以直接切成火腿丁。

火腿的出肉率

虽然名为"出肉率"，实则指的是"出片率"，因为通常统计的是火腿切片。靠近脚踝的部位很窄，纤维和筋多，比较硬，不太适合切片，西班牙人会将这部分切成骰子大小的火腿丁，是优质的下酒菜。

西班牙火腿的出肉率并不是固定的，要看火腿的类型、等级、血统、前后腿、是否带骨；没有两条腿是一样的，即便是同一头猪的左右腿。此外，人为因素，例如，火腿切割师的水平，脂肪保留的程度，能影响至少10%左右的出肉率。

伊比利亚火腿的出肉率和等级通常成反比，等级越高出肉率反而越低。导致这一结果的原因主要有两个：一个是脂肪，另一个是熟成时间。伊比利亚猪脂肪含量高，特别是食用橡果的伊比利亚猪，脂肪含量更高；熟成时间更久，表面氧化的脂肪层会更厚，火腿切割时要去除这部分脂肪，自然降低了出肉率。

下面的数据为西班牙专业火腿切割师切100条火腿计算出来的平均值，仅供参考，在实际操作中，3%~5%的波动实属正常。

伊比利亚带骨火腿后腿：

黑标100%伊比利亚橡果火腿出肉率：41.27%；

红标75%/50%伊比利亚橡果火腿出肉率：43.36%；

绿标伊比利亚田园谷饲火腿出肉率：44.67%；

白标伊比利亚谷饲火腿出肉率：45%。

白猪火腿后腿：

白猪火腿出肉率：54.25%。

因为骨骼大小原因，通常同一等级火腿的前腿出肉率比后腿低10%~15%。

火腿大小对于火腿出肉率也会有一定的影响，通常7.5~9kg火腿的出肉率会是较高的。小的火腿，骨头占比就会增加，去除表面油脂后，能切下来的肉也不会太多。如果是过大的火腿，最大的变数在于脂肪，9kg甚至10kg的火腿会有大量脂肪存在，并且需要更长的熟成时间，也会造成更多氧化。由于很多消费者不喜欢脂肪，那就要去掉很多很厚的脂肪，也会造成损耗。但是从专业角度看，厚厚的脂肪是一条火腿或一头猪养殖优秀的表现。

去骨火腿的出肉率不容易确定，取决于工厂的工艺、去骨后火腿表面脂肪保留的程度、存储的温度。温度高导致油脂融化，拆封后倒出来2~300g的油脂也是十分正常的。

对于餐饮客户，要保证切割出来的每一片都是完整的，靠近脚踝部位的火腿丁不能算在内。如果工厂加工工艺不好，去骨时导致肉松散也会增加不少的损耗。如果餐厅选择用机器切片，损耗会降低很多；手工切片，会产生10%以上的成本增加。

去骨后腿机切出肉率：85%~90%；

去骨后腿手切出肉率：70%~80%；

去骨前腿机切出肉率：90%~95%；

去骨前腿手切出肉率：65%~80%。

上面的数据仅供参考，因为过程中存在太多变数。餐饮客户一定要了解自己的需求，咨询专业的销售人员之后再做选择。否则的话，有可能选择的火腿价格低了10%，但是出肉率低了15%，那就得不偿失了。

伊比利亚火腿的脂肪含量远高于白猪火腿，伊比利亚火腿后腿外侧脂肪熟成后，脂肪宽度在1~3cm，白猪火腿却只有3~5mm，白猪火腿的出肉率自然就会高很多。

脂肪差异是影响火腿出肉率一个很关键的因素，伊比利亚猪平均脂肪含量在50%左右，普通白猪只有15%左右。伊比利亚火腿熟成时间很长，外表皮氧化脂肪也多，这些都要去掉，自然会导致出肉率低很多。另外，要知道火腿熟成8个月和48个月，损耗掉的水分和脂肪也都不同，如果没有足够的脂肪保护，火腿会干成老腊肉。

如果一次切割一整条火腿会有更高的出肉率，因为火腿在存放的过程中表面会变干，水分流失也会造成出肉率的下降。

最后，火腿切割师对于火腿出肉率的影响能占到10%左右，伊比利亚火腿通常的出肉率有42%左右，专业的火腿切割师可以保证平均下来达到这个数值，但是，对于新手，能达到38%就很不错了。

总结来说就是不是所有切下来的肉都能是片；西班牙火腿等级越高出肉率越低；火腿越大出肉率越高；伊比利亚火腿带骨后腿的出肉率高于带骨前腿；脂肪的影响非常大；火腿切割师很重要。

西班牙火腿的摆盘

　　火腿的摆盘呈现是一个非常讲究且技术含量很高的工作，每年西班牙都会举行很多火腿切割比赛，摆盘是非常重要的一个环节。好的摆盘会让一盘火腿加分很多，一份火腿精美摆出和随便切片堆在一起，消费者的心理感受是截然不同的。摆得好会加分，摆得不好即便火腿很美味，也会影响消费者第一时间的接受程度。

　　火腿摆盘最常用的盘子是圆盘，其次是长方形盘子（图5-42），当然也可以考虑用可以加热的火山盘。

　　火腿的摆盘比较灵活，很重要的一点就是每一条火腿都是不一样的，包括火腿的大小、脂肪含量，另外，消费者的消费习惯都会影响到摆盘出品。摆盘的技巧也有很多规律可循，找到了技巧就会一通百通，剩下的就看自己的发挥了。

　　切得好是摆盘呈现的基础，如果切得大小不一、形态各异，自然不容易摆出满意的样子。不同部位的火腿切片形状是不同的，腿后部的切片是长方形或菱形；这个部位因为脂肪含量高，切片的纹路也更漂亮。腿前部部位比较窄，切片偏正方形；脂肪含量少，纹路相对单一，臀部部位的切片多是月牙形状。

　　最适合用于摆盘呈现的是从小腿肚到腿后部的水平切割，这是火腿上纹路最好也是最为方正的部位，在切割的过程中也不需要担心断裂。我们常看到好看的火腿摆盘，多是选择这个部位来摆盘呈现的。

　　火腿在切割的过程中是交叠的，切片分入刀和出刀，在切下一片的时候，入刀的位置并不是在上一片火腿出刀的位置，而是在上一片火腿出刀往前大约三分之一的位置。这样下一片火腿会和上一片火腿有三分之一相同的纹路，每片火腿在摆放的时候即便重叠一部分纹路看起来也是连续的。如果不采取交叠操作，即便切得很平整，也很难呈现出连续的纹路。

　　通常人们右手切腿，因此建议将火腿盘放在左侧，摆盘通常按照逆时针形式摆盘（图5-43）。脂肪在内侧，瘦肉在外侧（图5-44），因为脂肪这一侧通常不会太规则，更适合重叠在中间。

图 5-42　黑标、红标、绿标和白标火腿拼盘

图 5-43　规则摆盘

图 5-44　规则摆盘，中间用脂肪摆花

第六章

西班牙

火腿的挑选

当我们对西班牙火腿有大概的了解后，如何挑选适合自己的西班牙火腿，我总结了7点，只要你按照这7个重要的点去挑选西班牙火腿，你已经比98%以上的西班牙人还懂得如何挑选西班牙火腿了。这7个影响火腿价格的要素，根据重要性从高到低排列为：

（1）猪的品种；

（2）猪的食物；

（3）猪的血统；

（4）前腿后腿；

（5）品牌；

（6）火腿产地；

（7）熟成时间。

猪的品种

购买西班牙火腿的时候，首先要看你选择的是白猪火腿，还是伊比利亚火腿，这是购买西班牙火腿的第一步。白猪火腿并不一定等同于廉价或者不好，特别是2022年开始意大利受到非洲猪瘟影响，意大利帕尔玛火腿在中国市场上几乎消失了，除了部分国产的意大利帕尔玛火腿。西班牙以塞拉诺为代表的白猪火腿就是非常好的替代产品。当作生活中经常食用的食物，或者用西班牙白猪火腿做菜都是不错的选择。当然如果想享用品质更高的火腿，自然还是建议食用伊比利亚火腿。笔者吃过特鲁埃尔的火腿，它的表现绝对不逊于伊比利亚白标甚至绿标的火腿，不过短期内只能去西班牙尝试了。

猪的食物

　　这是很多人会忽略的一个点，猪吃什么和购买火腿有什么关系？但是，这一点的重要性不亚于猪的品种，猪的食物可以直接影响到火腿的品质，一起降生的伊比利亚猪，一个吃谷饲一个吃橡果，价格可以差出数倍。我们购买白猪肉时，能感受到生肉有些臭味，但肉是新鲜的，这个很有可能是由于猪的生长环境不好，吃一些剩菜、剩饭等食物。如果猪吃谷饲甚至是橡果，生猪肉几乎没有任何异味。吃橡果的伊比利亚猪，因为食用橡果使得伊比利亚猪肉富含不饱和脂肪酸，同时橡果油脂含量高，大量的脂肪是火腿能在火腿窖中熟成数年仍然多汁美味的原因之一。在西班牙能吃到橡果的猪只占火腿总产量的 1%~2%。稀缺性自然也会影响火腿的价值。

猪的血统

猪的血统在购买火腿时也起到非常重要的作用，无论购买白猪火腿还是伊比利亚火腿。白猪火腿虽然很少标注血统，但是，但凡使用杜洛克猪，哪怕是 50% 血统都会标注，因为这是一种优质的白猪，伊比利亚猪的杂交也仅和杜洛克猪进行。伊比利亚猪血统分为 50%、75% 和 100%。血统越纯价格通常越高，但是，差异不是非常大，同一个品牌差价 10%~15% 属于合理区间。有些品牌喜欢主打 50%，有的喜欢 75%，有的喜欢 100%；理论上，血统越纯正，味道越重，毕竟伊比利亚猪也是混血野猪的后代。我个人更喜欢75%，这个血统对我来说更平衡，也相对更稀缺一些。但是同一个品牌 100% 血统仍然要比 75% 贵，因为相对来说，血统纯的伊比利亚猪增重也会相对缓慢一些。

前腿后腿

这是很多人购买火腿不会考虑的一个问题。通常说的西班牙火腿 Jamón 指的是后腿，前腿在西班牙称为 Paleta，前腿、后腿在品质和价格方面都有非常大的差异。后腿较大，通常 7~9kg，前腿较小，通常 4~6kg。后腿因为肉多脂肪多，制作周期通常比前腿长30%。后腿无论是味道的复杂程度，还是口感都优于前腿。当然也有不少人偏爱前腿，也不单纯是价格因素，每人对食品的偏好都不一样。在西班牙同一头猪的前腿比后腿每千克价格低 40% 左右，价格差是非常明显的。由于运输、关税等因素，在中国，这个差额相对小了一些，那也有 30% 左右的差异。

品牌

　　品牌是非常重要的一点。哪怕是经常吃火腿的人，其中95%的人也无法通过盲品区分品牌，特别是同一个产区相同等级的火腿。但是好的品牌，品质更加稳定，这一点是毋庸置疑的。在对其他品牌不了解的时候，选择知名品牌是很好的选择。但是无论是什么样品牌，品质都会有高低不同，稳定性只是一个相对的概念，没有绝对的稳定性。特别是火腿这种相对人工掌控程度较少，更多依靠自然熟成的一种产品。经过几年发酵熟成，即便是同一批次质量也会有不小的差异。

火腿产地

　　火腿的产地并没有高低之分，但是，确实会对价格产生影响。通常Guijuelo地区偏高，其他三个相对低一些。Guijuelo的猪要在其他三个产区养殖，之后再运输到Guijuelo，这个环节使成本增加；Guijuelo产区温度偏低，制作周期更久也会增加一些成本。我们在选择火腿时，可以适当考虑产地，毕竟每个产区都有自己的特色。

熟成时间

熟成时间在前文中单独讲过，厂家都会选择熟成度合适的产品出厂，虽然存在一些太生，或者过熟的火腿，但是，绝对不是 60 个月好过 48 个月，48 个月好过 36 个月，这种单纯比大小的数字游戏并不能决时定义火腿的好坏。

总结一下，火腿只有多吃才能做到心里有数，但是火腿做不到像红酒那样，一个批次都很稳定，火腿中间有太多的变数。这就是火腿吸引人的地方，充满变化并且每一片都是独一无的存在。

西班牙火腿的食用

西班牙火腿的搭配技巧

伊比利亚所谓的火腿搭配,你可以理解成一个很专业的事情,也可以很主观的跟着感觉走。这么多年在中国市场上,一开始我会对很多搭配有些反感,甚至认为是错误的,时间久了,反而慢慢能接受了。

从酒水角度,西班牙火腿特别是伊比利亚火腿搭配从最适合到相对不适合的顺序是:干雪莉酒、干起泡酒、啤酒、白葡萄酒、红葡萄酒。

雪莉酒作为一个西班牙特有的葡萄酒品种,这些年一直处在逐渐复兴的过程中,雪莉酒名字是音译的西班牙Jerez,这是西班牙一个产地的名字同时也作为雪莉酒的名字。搭配火腿最适合的是 Fino(图 6-1)和 Manzanilla 这两款雪莉酒,作为干型雪莉酒,当作开胃酒的话,它们可以在强化火腿鲜感的同时清洁口腔。如果不是出现在开胃的环节,则还有更多的配酒选择。火腿以咸味为主,个别部位略带甘甜和油脂感,是优质的下酒菜,不但能提高酒体的饱满度,还能降低葡萄酒的干涩、苦味和酸度。在不干扰伊比利亚橡果火腿风味的前提下,有酸度并且经历过酒泥陈酿的干白,具有氧化风格的 Amontillado

图 6-1　Lustau Fino 雪莉酒

图 6-2　Torello 气泡酒

图 6-3　Gorrondona 查克丽酒

和 Palo Cortado 雪莉酒，酒体轻盈、柔顺的干红都是良配，中国的黄酒也值得一试。

还有选用传统法酿造的起泡酒，最常见的是香槟，另外一个是西班牙的卡瓦（Cava）（图 6-2），酒泥熟化时间长的天然极干型卡瓦，因为酸度能够激发火腿风味，气泡可以帮助清洁口腔，这种清爽的干起泡酒，可以让味蕾处于最佳状态，更有利于欣赏火腿的美味，是搭配火腿的优质选择。

啤酒作为很百搭的产品，Fine Dining 可以上，大排档也十分适合。啤酒的酸度和苦味，搭配伊比利亚火腿反而会增强火腿的鲜甜，特别是黑啤或带有烟熏味道的啤酒。

白葡萄酒适合选用年轻的清爽型的葡萄酒，有一定的酸度。西班牙北部巴斯克地区的查克丽（Txakoli），是酒精含量低，酸度很高的一款白葡萄酒，非常的清爽，含有一定的矿物质，搭配伊比利亚火腿也是非常不错的选择（图 6-3）。

从某些角度来说红葡萄酒真的没有那么适合搭配伊比利亚橡果火腿，虽然说红酒适合搭配一些红肉来饮用。但是如果选择红酒更建议一些年轻的，没有过桶的红葡萄酒会更适合。但是，这种感觉真的很主观，如果你喜欢红酒配火腿，甚至是陈年的老酒配伊比利亚火腿，我觉得也很好。

对于不喝酒的人来说，食用火腿时搭配茶也是不错的选择，生普、黄茶、正山小种、大红袍都是可以选择的。

食物的话，非常适合搭配的产品之一是西班牙的绵羊奶酪，特别是硬质的绵羊奶酪，绝对是完美的搭配，一口伊比利亚火腿咀嚼两下不要咽下去，再来一口硬质绵羊奶酪，绝对是极佳的搭配（图 6-4）。

图 6-4 绵羊奶酪配伊比利亚火腿

火腿配蜜瓜是一个经典的组合，其中出现的火腿最常见的选项是西班牙的白猪火腿，特别是塞拉诺火腿。如果是伊比利亚火腿，尤其是伊比利亚橡果火腿，本身的风味足够丰富，配上很甜的蜜瓜反而是有些画蛇添足。你在西班牙可以看到哈密瓜配塞拉诺火腿，但是几乎没有餐厅会提供橡果火腿配哈密瓜。

　　还有一种搭配在西班牙存在了上百年，也是非常经典的火腿吃法，那就是法棍擦上新鲜的番茄、淋橄榄油再放上几片伊比利亚火腿（图 6-5），这个可以说是西班牙最经典的吃法，我在西班牙这 10 年里，三分之一的早饭都是吃的法棍夹火腿，西班牙人称之为Bocadillo（图 6-6）。西班牙有一种番茄的品种是专门用于涂抹的，番茄对半切擦过面包，手里就剩下番茄皮了。在国内可以选择熟成度较高的红色番茄做代替。

图 6-5　Bocadillo 里面的样子

图 6-6　Bocadillo 面包

　　还有一款升级版的面包叫作 Coca，是不太规则的长方形的面包，在水平方向把整个面包切开，再改刀成小的长方形薄片；烤的焦脆，再淋上高品质的特级初榨橄榄油，之后放上火腿，一起食用。在加泰罗尼亚地区，在 Coca 烤好之后，先涂上生蒜，再擦上新鲜的西红柿肉，之后才是淋橄榄油和放火腿（图 6-7）。如果没有 Coca，也可以用法棍斜切片代替（图 6-8）。

图 6-7　Coca 面包配火腿

图 6-8　法棍配番茄火腿

西班牙火腿作为西班牙美食的重要组成部分，自然也会应用到西班牙菜里。从最基础的 Bocadillo 到 Croqueta 奶油球，再到 Fine dining 中将火腿烘干做成粉末状调味品等。到了中国，西班牙火腿又和中餐融合到一起，例如，大董餐厅的火腿粽子，还有很多创意中餐厅将火腿运用到各种菜品的点缀。

将火腿运用到菜品中，要考虑火腿本身的属性，越好的火腿越要体现出火腿的本味，其他食材作为搭配，不要抢了火腿的风头。

比如 Croqueta 奶油球，通常在西班牙就是用白猪火腿来做馅料，最多用伊比利亚白标火腿，因为油炸奶油球本身调味过多，用橡果火腿，火腿香气会被掩盖。

如果我们做一个荷包蛋，上面倒是可以放几片橡果火腿，鸡蛋的温度会迅速激发橡果火腿的香气，同时，鸡蛋本身并没有太多的风味，所以也是火腿的良配。

如果我们把火腿当作调味品，可以选用白标伊比亚火腿前腿切片，放入 160℃ 的烤箱中烘干，之后用搅拌器打碎，直接用于调味。

伊比利亚火腿奶油球（图 6-9）

图 6-9 伊比利亚火腿奶油球

第一步

100mL 橄榄油

10 个鸡腿肉

150g 胡萝卜（切薄片）

300g 洋葱（切薄片）

5 个蒜瓣（切薄片）

100g 蘑菇（一切四）

200g 西红柿（去皮去头、一切四）

60mL 白兰地

迷迭香 + 百里香 + 香叶

鸡汤

盐、胡椒

（1）用盐、胡椒简单腌制鸡腿肉，煎好表面，取出备用。

（2）加入橄榄油、洋葱、胡萝卜，翻炒成金黄色。

（3）加入蘑菇和大蒜。

（4）加入番茄，蔬菜和香料组合、整体水分减半。

（5）加入鸡腿和白兰地，挥发一半。

（6）加入鸡汤覆盖即可，煮 30min。

（7）关火静置 30min 后，鸡腿肉脱骨切碎备用。

（8）过滤汤汁，浓缩到 500mL 备用。

（9）去掉油脂，蔬菜切碎备用。

第二步

50g 黄油

100g 洋葱（切碎）

200g 伊比利亚白标火腿丁

100g 面粉

350mL 牛奶

500mL 之前保留的汤

切碎的鸡肉

切碎的蔬菜

盐、胡椒、肉豆蔻粉

（1）加入油脂煨洋葱成焦糖色。

（2）加入火腿丁加热。

（3）加入面粉搅拌小火 10min。

（4）加入牛奶和汤。

（5）加热后加入鸡肉，蔬菜。

（6）开火后调味。

（7）放在一个平板上，放入冰箱冷却。

第三步

馅料

面粉

鸡蛋液

盐，胡椒

面包屑

（1）将冷却的奶油球馅料放入裱花袋。

（2）挤出来直径 1cm 的圆柱状，每一份 25g。

（3）然后每一份都裹上面粉，之后放入鸡蛋液，再包裹上面包屑。

（4）油炸温度为 175~180℃，炸至表面成金黄色即可。

常见火腿对比

太多消费者会问到西班牙火腿和金华火腿以及帕尔玛火腿的区别，表6-1列出了一些基础信息。影响因素还是那些：品种、饲料和脂肪。

表6-1　4种常见火腿的对比

名称	金华火腿	帕尔玛火腿	塞拉诺火腿	伊比利亚橡果火腿
产地	浙江金华	意大利帕尔马	西班牙全国	西班牙四个法定产区为主
法定产区	金华市	帕尔马省	无	吉胡埃洛、哈武戈、埃斯特雷马杜拉、佩德罗切斯
品种	两头乌	大白猪、长白猪	长白猪、约克夏猪	血统大于50%的伊比利亚猪
猪的生活环境	圈养为主	圈养或散养	圈养	平均每头猪有10000m² 以上的活动空间
猪的生长周期	12个月	9个月以上	9个月以上	14~16个月
饲料	饲料，少量的谷饲	饲料、谷饲	饲料	前期谷饲，屠宰前三个月每天只食用8kg以上新鲜橡果和新鲜花草
体脂含量	20%左右	20%左右	15%~20%	50%左右
主要脂肪	饱和脂肪	饱和脂肪	饱和脂肪	不饱和脂肪
含盐量	10%~12%	3.5%~4%	4%~5%	3.5%~4%
腌制周期	9~12个月	1年左右	7个月以上	大于7kg24个月以上，通常30~48个月为主

常见问题

1. 如何挑选一条好的火腿?

挑选伊比利亚火腿时,首先看脚踝处的塑料标签是白标、绿标、红标还是黑标。之后看印章,这代表着火腿的产区,每个产区对自己产区内的火腿都有硬性的规定,比如,牧场的大小、橡树数量、腌制的参数(如湿度、温度等)。总的来说,火腿 7 分靠原料,3 分靠手工。吃到更多更好橡果的、优质的伊比利亚猪,是顶级伊比利亚橡果火腿的前提。

同一等级,价格相似的情况下,我们要看火腿的成熟度,通俗地讲就是腌制时间。另外,一只火腿的不同部位的口感也有很大的差异。

除去这些,我们通常可以通过 4 步来鉴别火腿的好坏,分别是看、摸、闻、尝。

看。看火腿脚趾的颜色是否是黑色,以初步判断是否是伊比利亚火腿,白色脚趾通常是白猪火腿。脚踝纤细且长是纯种伊比利亚猪的标志,越是细长通常血统纯度就会越高。火腿表皮脂肪颜色较浅,说明熟成时间较短,如果表面暗淡没有光泽则通常是时间过久,有一定氧化的表现。如果是切开的火腿,则观察肌肉的颜色,橡果火腿通常以樱桃红为最佳,谷饲火腿的颜色相对较浅。脂肪明亮是好的表现,这代表火腿已熟透。如果颜色过白可能是熟成不够,如果暗淡发黑则有可能是放得太久而过度氧化。

摸。如果是整条火腿,触摸火腿外侧、内侧的软硬度可以判断火腿熟成状况,偏软说明水分多还不够成熟,太硬则说明火腿过干,水分已经流失。如果是切开的火腿,触摸起来绵软,按下去肉不反弹说明熟成不够。状态好的火腿触摸起来是非常油润的状态,但是也不会用力按压就会散开。

闻。这是判断火腿状态非常重要的标志,无论火腿是完整的还是已经切开的状态,闻火腿的味道可以对火腿有个大致的判断。整条没有切的火腿,闻起来有发酵的味道,香甜、浓郁则是好的表现。如果闻起来刺激、酸臭则是过度氧化或制作不佳的表现。切开的橡果火腿是可以闻出油脂、果香味的。如果是谷饲火腿,品质好的也会闻出淡淡的脂肪香气或奶香味。

尝。这是最直接的判断火腿品质的方法。品尝时一定要在合适的温度下（20~25℃）。温度过低火腿香味出不来，过高变熟也会失去火腿本身的香气。品质好的谷饲火腿应该是有肉香、奶香和脂肪的香味，火腿最里面的部分尝起来是香的，但是尝起来基本上不会有什么回味。高品质橡果火腿的味道更为复杂浓郁，吃到火腿最里面的部分时，香气是可以从鼻子里出来的，有鲜甜的香气和坚果的香味，即便是咽下去，也能持续十几秒到1min的时间。

2. 同一条火腿为什么口感不一样？

我们可以把一条火腿分成四个部位：腿后部、臀部、腿前部和小腿肚（图6-10）。

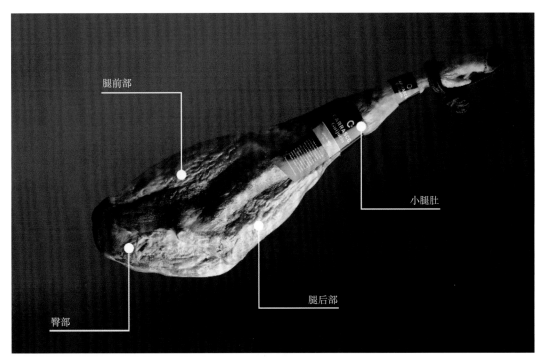

图 6-10　火腿部位

① 腿后部：是整个火腿部位中含肉量最多的，通常在切火腿的时候也是先切这个部位，因为这个部位更宽，所以更好切。这个部位脂肪的含量也很高，吃起来会有汁水的感觉。

② 腿前部：这个部位由于脂肪包裹少，因此会稍微干些，但是味道会略甜于腿后部。

③ 臀部：这个部位更靠近猪的躯干，是含脂量最高的部位，因此，味道也最浓香。

④ 小腿肚：这个部位通常不用来切片，因为纤维很多，适合切成小丁，当作零食来吃。

3. 如何看火腿制作的时间？

如果是在西班牙买一整条带骨火腿，可以看它的 M.A.P.A（火腿放入盐的时间，数字显示为周和年）。一年大约是 52 周，图 6-11 上显示 1213，意味着 2013 年的第 12 周开始制作，假如今天是 2017 年 3 月的某一天，则说明这条火腿已经 4 年了。

图 6-11　火腿 M.A.P.A 时间

4. 人们常说火腿有 36 个月、48 个月，是不是月份越久越好？

不同等级、不同产区、前后腿的差异和猪的品种都会对火腿的熟成时间产生影响。

通常南部产区，例如，5J 的 Jabugo 产区，地理位置靠南，夏季炎热，因此，后腿腌制时间在 36 个月左右，9kg 以上的腿可能会有 48 个月左右，前腿则在 20~24 个月。如果是北部产区，例如，小何塞的 Guijuelo 产区，因为温度较低，通常 8.5kg 左右的火腿需要 42~48 个月。所以，选择火腿时并不用刻意选择时间，好的品牌会在火腿最好的时候出厂，而不是把一条本该 36 个月的火腿放到 48 个月，使火腿过分氧化而失去香味和口感。

如果是普通的白猪火腿，西班牙法定腌制时间应大于 210 天，也就是 7 个月，而且普通的白猪火腿脂肪少也不利于腌制太长时间。总的来说，就是伊比利亚猪由于脂肪多，需要更久的熟成时间，北部产区冷也需要更长的时间。

5. 火腿表面的白毛是不是代表火腿变质了？

火腿表面的毛（图 6-12）是火腿自己产生的霉，这些霉菌有助于火腿成熟，食用的时候只需要将外面切掉。有些看起来很亮的火腿，是为了达到销售的目地，将表面的白毛擦掉，涂上猪油，保护火腿不变干。切开的火腿如果放置几天不动也可能会在表面长一层薄毛，白毛不多的话擦掉即可，多的话去掉表面，这并不会影响火腿的品质。

6. 西班牙火腿需不需要冷藏，如何食用？

如果是整条火腿，在 15℃、干燥的条件下可以保存 1 年；抽真空之后，可以保存的时间更长。如果是切片火腿，在抽真空冷藏的情况下，可以保存 6~10 个月。抽真空冷藏的火腿，在食用之前需要恢复到室温，最好是 23℃左右，因为不饱和脂肪熔点低，在这个温度下就会融化，变得透明。食用温度对火腿口感的影响不亚于温度对于红酒的影响，但是它和红酒相反，温度太低不利于风味的发挥。如果是一次性切一整条火腿，建议提前将火腿放在室温环境下 4 个小时以上甚至一天，让它充分回温。

图 6-12　火腿表面的白毛

如果是整条火腿，根据吃的快慢，前 1~2 周可以用当时切下来的脂肪包裹，避免变干。但是，开始切下来的脂肪最多 2 周后就要丢弃，之后可以考虑盖上笼屉布。无须保鲜膜，特别是潮湿地区，保鲜膜反倒容易长毛。如果是一块火腿，可以在包裹保鲜膜之后冷藏；整条火腿由于无法冷藏，盖一层布即可。其实，表面变干或长毛都是正常现象，食用时可以把表层去掉一部分。

抽真空理论上保质期是 1 年，建议 6 个月吃完，3 个月内最佳，火腿时间越久越容易氧化，影响口感。

7. 西班牙整条火腿和抽真空火腿的口感会有差异吗？

通常抽真空会损失火腿的一定风味，但是重点不在真空而是时间。因为真空保质期最多可以写一年，保存得当的话，2~3 个月的真空贮藏对于火腿品质影响不会很大。但是还是建议买现切火腿，吃多少买多少是最好的选择。

8. 火腿切片是越薄越好吗?

切片太厚肯定不是好的选择,但是也没必要追求非常薄。因为太薄的火腿切片的口感和味道会差些,一般 1mm 的厚度最合适。

9. 西班牙火腿上面的白点是什么?

火腿中的白点是酪氨酸晶体,触碰时感觉有点像一块易碎的小石子。酪氨酸晶体主要出现在瘦肉区域,此外也可以在瘦肉和脂肪区域之间找到它们。酪氨酸晶体与盐、硝化剂或寄生虫无关,而是熟成过程中从火腿的瘦肉蛋白中逐渐释放出来的(图 6-13)。

图 6-13　火腿里面的白色结晶

瘦肉主要由蛋白质组成,蛋白质是一种生物大分子,由大约 100 或 200 个氨基酸形成的长链构成。共有 20 种氨基酸,酪氨酸是其中之一。在火腿的风干和熟成过程中,蛋白质在自身酶的作用,其末端被破坏,使氨基酸游离出来并结晶析出,形成著名的白点。另外,经过测试,火腿冷冻后会产生更多的白点。

酪氨酸晶体的数量并不能预测具有不同熟成时间和质量的火腿的品质,并且尚无研究提出将其用作品质指标。但它却是火腿部位良好的指标，火腿腿后部部位的白点要比腿前部和臀部多得多。

10. 为什么火腿有那么多脂肪？

因为制作伊比利亚火腿特别是橡果火腿的原料——伊比利亚猪在屠宰前三个月会集中食用大量橡果，每天最少 8kg，有的甚至能达到 12kg。橡果含有大量油脂并且是对身体有益的不饱和脂肪酸。在切割火腿时，只要脂肪颜色是白色或粉色都应该保留，不应该剔除，这种脂肪有利于心脑血管，而且香味浓郁；如果脂肪颜色是深黄色就要去掉，不然食用时火腿会带有非常重的氧化味道，对嗓子有很大的刺激；轻微黄色影响不大。

11. 如何通过观察颜色初步判断火腿品质？

通常情况火腿颜色越浅意味着火腿越普通。白猪火腿颜色多为浅色，而伊比利亚火腿颜色为樱桃红色。当然也并不是颜色越深越好，如果火腿放得时间过久颜色也会变黑，这个时候无论是脂肪还是肉的光泽都会变得暗淡，这意味着火腿已经过了最佳的品尝期限。

脂肪的颜色是判断火腿新鲜程度的最佳观察点，脂肪呈粉色或白色都是好的表现，油润明亮说明这条火腿是很新鲜的状态。但是，火腿的滋味是无法通过颜色来判断。

我们可以根据脂肪在温度下的变化来判断伊比利亚火腿的等级。在室温 20~25℃下，白标火腿的脂肪仍是白色，优质绿标火腿的脂肪呈半透明状，橡果火腿的脂肪为非常明显呈透明状，因为橡果火腿含有 60% 左右的不饱和脂肪酸。如果绿标火腿的脂肪呈半透明状，是因为制作火腿的原料——伊比利亚猪也曾在橡果林生活，它们通常是在橡果季末尾进入，并没有机会食用足量的橡果，当然，绿标火腿如果一点橡果不吃也是正常的。

12. 火腿有时候是碎了的？

火腿本身就是猪的腿，每个部位的肉的组织结构都不同。此外，市面上很多是去骨火腿，在剔骨过程中骨肉分离会导致火腿容易碎。如果火腿偏软，切火腿的刀不锋利，火腿切割师的水平低都会影响火腿片的完整性。

13. 火腿后腿的出肉率是多少？

整条带骨白猪火腿的出肉率在 55% 左右，而伊比利亚火腿的出肉率在 41%~43%。通常越重的火腿出肉率越高，所以，建议餐厅选择更重的火腿。多余的脂肪也很影响出肉率，有些白猪脂肪只有 0.2cm 厚，而有的伊比利亚火腿脂肪厚的部位有 3cm。出肉率多少和火腿切割师也有很大的关系，偏差在 5%~10%。

14. 火腿切割师切割一条火腿需要多长时间？

在西班牙，一名专业的火腿切割师切割一条火腿大约需要 2h，如果加上抽真空和摆盘，时间翻倍。国内的火腿切割师通常切的较少，一天 8h 能完成一条 8kg 左右火腿的切割、摆盘、抽真空已经是不错的表现了。

15. 一盘火腿切多少克？

在西班牙，通常一盘火腿的份量在 60~120g，国内餐厅为了控制成本，通常在 40~80g。

16. 褐色肿块是什么？

几乎所有火腿都会有如图 6-14 所示的褐色物，这是腿部的淋巴结，与火腿制作无关；通常伴有异味，建议用镊子和小刀将其剔除。

图 6-14　淋巴结

17. 火腿内部为什么会出现黄色斑点？

我们经常在火腿的脂肪和肌肉部分看到黄色的斑点（图 6-15、图 6-16），这均由屠宰前电击引起猪肌肉剧烈收缩或者血压升高，造成毛细管破裂出血，后来腌制过程中出现了一些氧化所致。通常不会对口味产生影响，但是影响美观。

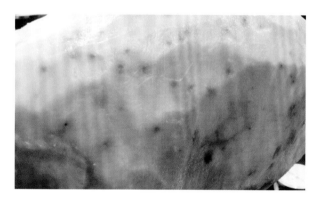

图 6-15　黄色斑点在脂肪表面

图 6-16　黄斑点在火腿内部

18. 火腿中吃出海鲜味道？

在西班牙，猪饲料中添加鱼粉是很常见的，而伊比利亚猪的脂肪容易吸收饲料的芳香味，因此火腿中可能会有海鲜味。另外就是腌制使用粗海盐也会造成这种味道的出现。

19. 火腿表皮很黑（图6-17）是品质不好的表现吗？

不是。在制作过程中火腿表面会产生霉菌，同时会多次涂抹伊比利亚猪油和葵花油的混合物（图6-18），作用是保持表面油润，这一操作大约是每三个月做一次。火腿表面涂抹的脂肪也会氧化形成黑色氧化物。有些厂家在火腿出厂时会选择清洁表面并再次涂抹油脂，这一操作会让消费者觉得干净整洁，但是和火腿的品质没有直接关系。

图6-17　火腿表面呈黑色

图6-18　火腿表面的上油过程